叶子妈妈讲科学故事科普丛书

郭康乐 编著

序

党的十九大提出我国要从高速增长阶段转向高质量发展阶段。中国经济正处在新旧动能转换的关键阶段，以技术创新为引领，以新技术、新产业、新业态、新模式为核心，以知识、技术、信息、数据等新生产要素为支撑的经济发展新动能正在形成。

可以预见，未来在大数据、人工智能、高超音速以及生物技术等战略科技领域，正在快速发展的中国企业肯定会加快自主创新，提升科技实力，这不仅是当代科研工作者责无旁贷的历史使命，更需要一代代的“后浪”们立志投身科技创新。激发青少年的科学兴趣，提升全民科学素养，对实施科教兴国战略、人才强国战略和可持续发展战略具有重要的决定性作用。但是，从中国科普研究所的一项近期调查来看，作为科普源头的科普创作人力资源尤其匮乏。

在此背景下，郭康乐女士以学科知识体系为基础，生动形象地演绎了一系列的科学故事，并将其系统性地整理为“叶子妈妈讲科学故事”科普丛书。她基于自己多年的育儿经验，撰写和录制了“有声”

图书，开发了“叶子妈妈”和“阿呆”两个人物形象，特别是在《外星人阿呆引爆化学》中，用随处可见的日常生活场景，围绕“化学与饮食”“化学与药物”以及“化学与环境”等多个主题，通过“阿呆”和“叶子妈妈”的对话，设计了有趣的情景，深入浅出地讲解科学知识。

这套科普丛书尝试了目前市面上多数儿童科普读物少有尝试的新方式、新内容，将物理、化学等基础学科的科学普及向前推进，从儿童抓起，极具挑战性。同时，作者别出心裁，创新性地将手绘、故事和音频等相结合，目的是让更多的儿童关注生活、关注科学，激发科学兴趣、培养科学爱好。这套丛书出版后音频将全部免费对公众开放，更有助于科学知识的传播。

这套丛书科学性与趣味性结合、公益性与科普性融合，极其符合我国趣味科普的文化政策，为国内儿童新式科普读物提供了新的表现形式。我很愿意推荐这套丛书的出版发行。

陈彬

2020年8月

我是一位二胎妈妈，有两个可爱的孩子，大白和小黑，同时我也是一位忙碌的职场妈妈，作为金融行业的从业者，时常会加班、开会、培训以及出差。

2016年，我有了小黑，大白的弟弟。我很爱他们，也因此而焦虑重重。某教育公众号上说，孩子三岁前最需要妈妈的陪伴，这种陪伴的重要性是任何东西都无法替代的，而我因为种种原因，只能让小黑待在奶奶家。这种迫不得已的分离让我很焦虑。那时候大白也刚刚上小学，课业辅导成了每天新增的任务，不辅导的时候母慈子孝，一辅导就鸡飞狗跳！此外，在工作上，我产假结束就面临换岗，新业务新要求，一切需要重头再来。而在这个时间点，我的先生又被公司调去外地工作。

有一次双休日我赶去看小黑，分开的时候他哇哇乱哭，我也跟着一起哭，但最终仍然狠狠心马不停蹄赶回家准备第二周的例会材料。宝宝对不起，妈妈只有一双手，搬起砖就没法抱你，抱你就没法搬砖。

科普小录音就是在那种两难境遇下的产物，初衷是希望用它来代替我，陪伴小黑和大白。我希望遇到加班出差等不在他们身边的时候，他们起码可以听着我的声音入睡。

从最初的录给小黑、大白听，到后来应大白要求放在喜马拉雅平台上给大家听，再到南佳居委会把我的小录音做成了小课堂在公众号上予以呈现，小录音一下子引起了轰动，让我收获了许多可爱的小粉丝。

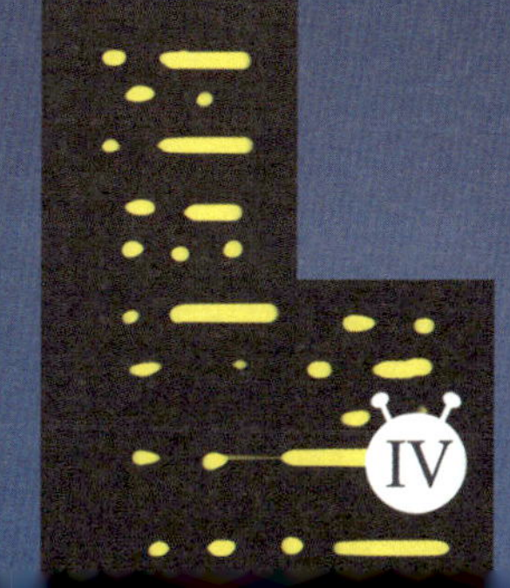

为了吸引孩子们的注意力，我自创了可爱顽皮的外星宝宝阿呆。他是玛尔斯星球的“留守儿童”艾达，因为玛尔斯星球能源不足而发生“大地裂”，所以他一不小心从玛尔斯星球穿越到地球上来，然后叶子妈妈收留了他，并开始每天带着他一起讲故事。

目前，叶子妈妈已经完成了物理、化学、语文三门学科以及《上下五千年》的专辑录音，正在进行中的还有《四史》。现在呈现给大家的就是物理和化学两门学科的科普读物，同时参考已有的儿童科普读物，成体系地设计了一些篇章，包括物理的力学、声学、光学、电和磁以及热和能；化学的化学与饮食、化学与药物、化学与美容、化学与环境。因内容诙谐有趣，我一下子变身为网红女主播，音频节目点击量高达30.2万！还被上海多家电视台争相报道，包括“二孩妈妈成网红主播，用声音分享快乐”“二孩妈妈克服产后焦虑，用声音播撒快乐”“年初一春节档：二孩妈妈变身网红主播，用声音传递知识和温暖”以及“元宵春节档：叶子妈妈的朋友圈——治愈自己、分享快乐”，并被上海新闻综合频道评选为“新闻坊年度新闻人物”。

走到今天，我想感谢我的家人，是你们的支持让我能够追逐梦想；我想感谢所有的粉丝，是你们的热爱让我能在一个个深夜里坚持录音、坚持写作；我想感谢中国地质大学出版社的编辑，是你们的耐心专业让我有信心出版了这套图书；我更要感谢我的老同学——中国科学研究院孙晓蕾教授，是你的热心引荐让我的书籍得到了学术界的认可，从而给了我莫大的鼓舞。

最后，我想说，所有的妈妈都特别伟大，此书献给你们，也献给你们最爱的孩子们！

作者

2020年10月

人物介绍

阿呆 外星宝宝，原名艾达，5岁，原本生活在玛尔斯星球的一个小村庄，因为艾达的父母很忙没有时间照顾艾达，所以艾达从小被寄养在奶奶家。突然有一天玛尔斯星球因为能源不足发生“大地裂”，艾达一不小心从玛尔斯星球穿越到地球并且失忆了，幸好被叶子妈妈发现并收留。因为他胳膊上刻有字母“AD”而有了新名字“阿呆”，喜欢吃汉堡和听叶子妈妈讲科学故事。

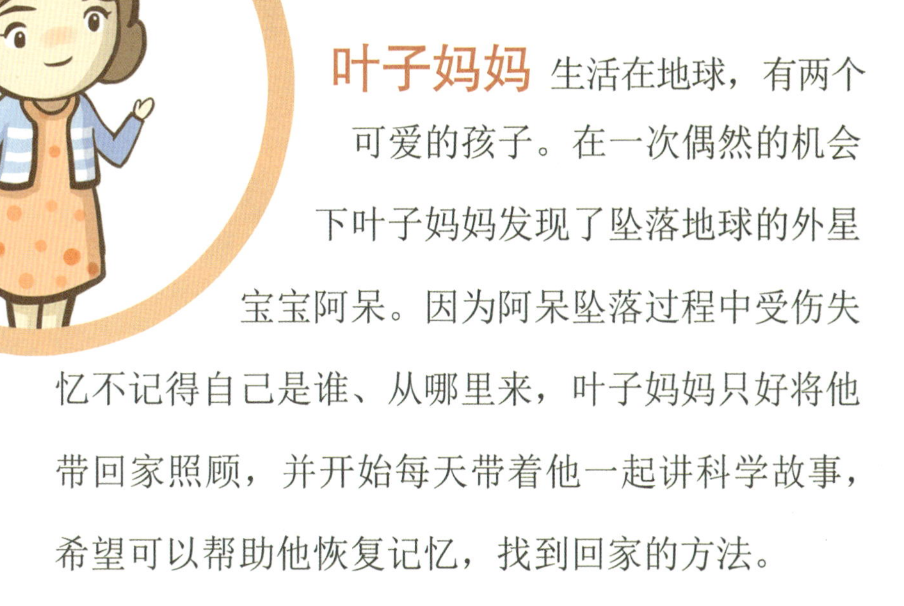

叶子妈妈 生活在地球，有两个可爱的孩子。在一次偶然的机会下叶子妈妈发现了坠落地球的外星宝宝阿呆。因为阿呆坠落过程中受伤失忆不记得自己是谁、从哪里来，叶子妈妈只好将他带回家照顾，并开始每天带着他一起讲科学故事，希望可以帮助他恢复记忆，找到回家的方法。

小聪聪 邻居小女孩，是阿呆来到地球后认识的好朋友。

目录

第一篇 化学与饮食

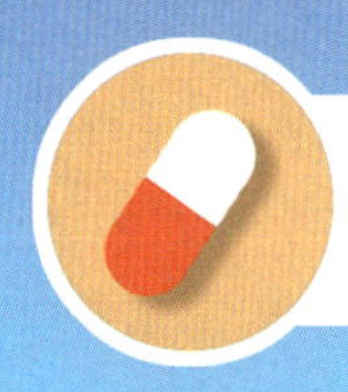

第二篇 化学与药物

第三篇 化学与美容

第四篇 化学与环境

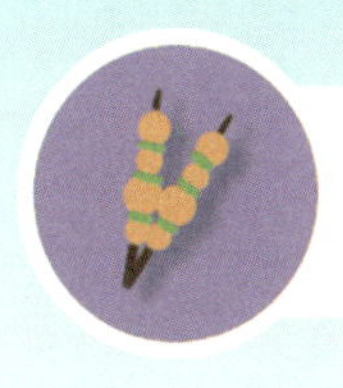

Coke

第一篇 化学与饮食

在化学与饮食这一篇里，叶子妈妈将带你走进化学的殿堂，了解更多关于化学与饮食的知识。其中主要包括三个主题：第一个主题是有毒的食物；第二个主题是不健康的烹饪方式；第三个主题是不健康的食物组合。快来和阿呆一起进行第一篇的学习吧，你会发现化学与我们的生活息息相关。

1. 走进化学的殿堂，从一个臭鸡蛋讲起

大家好，我是叶子妈妈。
今天起叶子妈妈和阿呆要开启一门
新的课程——化学。

唔～～～不要不要，我才不要
学化学呢！小聪聪和我说啊，化学是很枯燥
的，不学不学。我这几天啊新学了一首歌，
要去唱给小聪聪听。

阿呆，你给我回来！
小聪聪上次不是说，你要是还
在她面前唱歌，她就要
扔臭鸡蛋了嘛！

唔？也对噢！阿呆最
讨厌臭鸡蛋了，难闻得要命！
哎？叶子妈妈，好端端的
鸡蛋为什么会变臭啊？

H_2S（硫化氢）

小朋友，想知道鸡蛋为什么会变臭吗？
那就赶快来扫码听录音了解一下吧～

知识点

鸡蛋在“呼吸”的过程中，蛋清里面本来存在的杀菌素会逐渐消亡，各种微生物逐渐侵入鸡蛋里面开始生长繁殖，鸡蛋的臭味就是源于腐败菌分解鸡蛋时产生的硫化氢气体。

小朋友，听了录音你们是不是觉得化学很有意思呢？从明天起啊，叶子妈妈会先来和你们讲化学与饮食，这可是与我们的生活息息相关哦！

2. 毒蘑菇，让人闻风丧胆的鹅膏毒肽

大家好，我是叶子妈妈。

昨天我们讲了鸡蛋的臭味是来源于硫化氢气体。

今天我们要正式进入化学的殿堂了。我们先来讲化学与饮食中的第一个主题——有毒食物，今天我们要讲的有毒食物是毒蘑菇！

蘑菇？叶子妈妈，阿呆感觉小心脏又砰砰砰了！你可不要吓我啊，我晚饭刚刚吃了好多金针菇炒鸡蛋呢。

阿呆，我说的是毒蘑菇，不是平时我们在超市里看到的金针菇、香菇、平菇、草菇、口菇、猴头菇这些。超市里面的蘑菇都是无毒无害可以食用的，不但无毒无害而且还有很高的营养价值。

小朋友，想知道什么样的蘑菇是不能吃的吗？快来扫码听录音了解更多吧~

知识点

在郊外游玩的时候，是不能随便采摘蘑菇吃的，因为这里面有一些就是毒蘑菇，毒蘑菇里会有一种被称为“鹅膏毒肽”的毒素。

鹅膏毒肽一旦进入人体，就会被迅速消化、吸收、进入肝脏，造成肝细胞坏死，导致急性肝功能衰竭，严重时甚至会导致人死亡。

3. 一隔夜就变坏，可怕的亚硝酸盐

大家好，我是叶子妈妈。

昨天我们讲了毒蘑菇里的鹅膏毒肽。今天我们要讲随着时间的推移，有些食物会发生化学反应，变成有毒食物。所以呀，有些隔夜食物是不能吃的。

阿呆，你少吃点糖，多运动，皮肤自然会好。说到银耳汤，它就是属于不能过夜的食物。

为什么银耳汤过夜之后就不能喝了呢？快来听录音了解一下吧

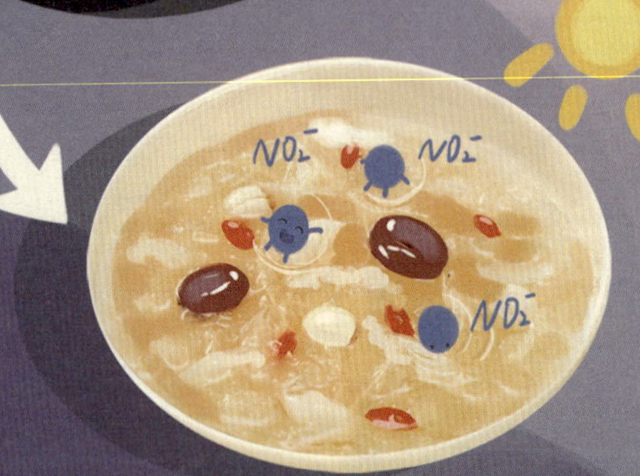

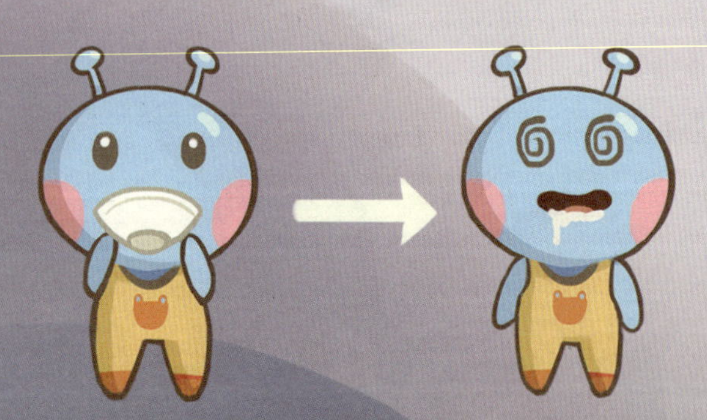

亚硝酸盐 + 仲胺 叔胺 酰胺 → 亚硝胺

哎？叶子妈妈，你又在烧银耳汤保养皮肤啦，到时候也给我喝一点啊。最近开学了，阿呆压力大得不得了，还要跟着你学化学，你看看你看看，皮肤都变差了，都长痘痘了呢。

知识点

银耳汤一旦过夜，营养成分就会减少，并且在细菌的分解作用下，汤中的硝酸盐会变成有害物质亚硝酸盐。

亚硝酸盐进入血液循环后，会使人体中正常的血红蛋白氧化成高价铁血红蛋白，从而丧失携带氧气的能力，破坏造血功能。

亚硝酸盐的致癌原理：在胃酸等环境下亚硝酸盐与食物中的仲胺、叔胺和酰胺等反应生成强致癌物亚硝胺。亚硝胺甚至还能透过胎盘进入胎儿体内，造成胎儿畸形。

建议多吃新鲜的蔬菜和肉类；多喝茶多吃大蒜；不要吃或少吃腌制的食物；注意食物要低温保鲜。

4. 变质食物堪比砒霜，阿呆吓得瑟瑟发抖

大家好，我是叶子妈妈。

昨天我们讲了有些食物因为富含硝酸盐，隔夜后会产生亚硝酸盐，而亚硝酸盐进入人体后会影响造血功能，甚至产生致癌物亚硝胺，所以有些食物隔夜后是不能食用的。今天我们要讲有些食物一旦变质，发生化学反应，会产生毒素，这些毒素的毒性甚至比砒霜还要大。

叶子妈妈，快点快点，阿呆都迫不及待了呢！没想到化学和我们的生活有这么多的关系，我一定要好好学习，把命保住。

有哪些变质食物堪比砒霜，快来扫码听录音了解一下吧~

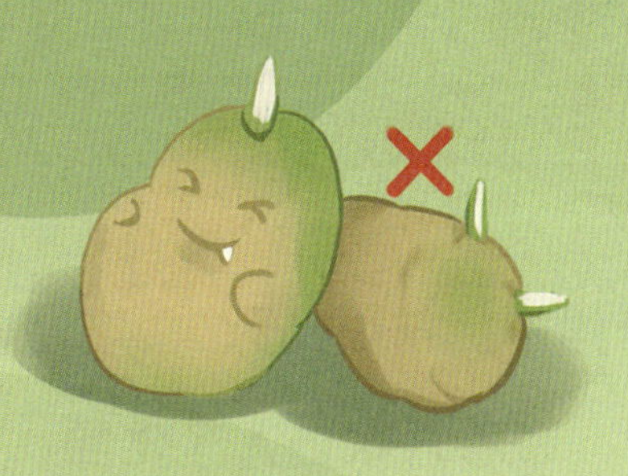

发芽的土豆

发芽的土豆里含有很高的龙葵素，它具有溶血性，对黏膜有腐蚀性，能破坏红细胞，并且对呼吸中枢和运动中枢有麻痹抑制的作用。

青西红柿

青西红柿里也含有龙葵素，所以我们去菜场要选择红润成熟的西红柿。

万一真的误食，首先要进行催吐，然后赶紧去医院洗胃。

白胖胖的豆芽

在选购豆芽的时候要特别注意，如果它长得又白又胖那就要小心，这种豆芽有可能是用化肥催发的，所以会残留大量的氨，在细菌的作用下，会产生亚硝胺。

5. 来认识一下小恶魔苯并芘，致癌的烧烤（上）

大家好，我是叶子妈妈。前面几天我们从一个臭鸡蛋讲起，带着大家进入了化学的殿堂，了解了几种有毒食物。今天起叶子妈妈会开始讲不健康的烹饪方式，包括烧烤、油炸以及腌制，这些都会让原本健康的食材变得不那么健康。我们先来讲你们最喜欢吃的烧烤。

那是因为生肉直接在高温下进行烧烤，被分解的脂肪会滴在炭火上，食物脂肪焦化产生的热聚合反应与肉里蛋白质结合，会产生一种叫苯并芘的高度致癌物质。它是一种活性很高的致癌物质，会附着在食物表面，被我们吃到肚子里；它也会飘在烧烤的烟雾里，和大气中各种类型微粒所形成的气溶胶结合在一起，然后被我们吸进肺里。

小朋友，你知道吃烧烤会有什么危害吗？

快来扫码听录音了解一下吧~

唔？阿呆突然好紧张好紧张呢！叶子妈妈，你倒是说说看为什么长得那么好看，闻起来那么香喷喷的烤肉会不健康呢？

知识点

- 烧烤不仅危害食用者，而且危害过路人群。它进入人体后会诱发胃癌、肠癌，还会导致心血管疾病。
- 虽然我们的身体会自动防御，但仍然会有一部分顽固的苯并芘，偷偷隐藏在我们体内，转化成致癌物质。

6. 小恶魔还有同伙杂环胺？！致癌的烧烤（中）

大家好，我是叶子妈妈。昨天我们介绍了食物脂肪焦化产生的热聚合反应与肉里蛋白质结合，会产生一种叫苯并芘的高度致癌物质。而烧烤除了会产生苯并芘，还会产生杂环胺，它也是一种致癌物质。

怎么搞的！小恶魔还有同伙啊，要不要这么讨厌啊！

是的，1977年，科学家们发现，杂环胺是烤鱼、烤肉中容易导致人类患癌的罪魁祸首之一。

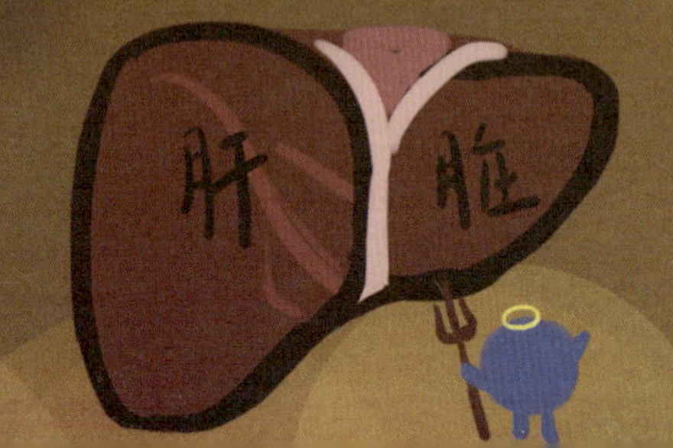

想知道这个坏蛋同伙是怎么形成的吗？
那就快来扫码听录音了解更多吧~

知识点

- 高温是杂环胺形成的重要条件，肉里含有的碳水化合物、氨基酸在烧烤的过程中经过高温加热形成杂环胺。相关研究表明，当温度从200摄氏度上升到300摄氏度的时候，杂环胺的生成量就会增加5倍。所以，和炖、煮的方式相比，烧烤的方式会产生更多的杂环胺。

- 杂环胺是一种致癌物质，主要影响肝脏，同时也会对血管、肠道等产生危害。

bye bye ~

杂环胺

7. 恶魔歼灭战，致癌的烧烤（下）

大家好，我是叶子妈妈。前面我们介绍了烧烤会产生苯并芘以及杂环胺。今天我们来了解一下如何在烧烤过程中利用一些健康的小妙招，在一定程度上减少苯并芘和杂环胺的危害。

叶子妈妈，这节课太重要了！你等一等啊，让我去拿个笔记本，我一定要把你讲的每一个字都记录下来！

小朋友，想知道怎样减少烧烤对身体的危害吗？快来扫码听录音了解更多吧~

Tip 1

我们可以给肉穿上“防护衣”，把它保护起来，这样就能减少有害物质，比如可以提前用各种调料把肉腌制一下。

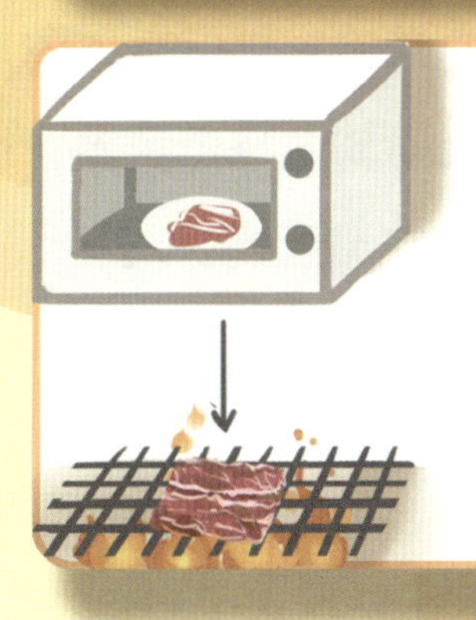

Tip 2

我们可以用微波炉把肉先加热，这样就可以减少烤肉的时间，生成的有害物质也会相应减少，危害自然就降低了。

Tip 3

我们可以调高烧烤架，这样就能减少从烟雾里跑出来潜伏在烤肉上的苯并芘数量。

Tip 4

烧烤的时候可以搭配一些菌菇、蔬菜，可以补充维生素，从而降低苯并芘和杂环胺对人体的危害。

8. 来聊一聊丙烯酰胺，危险的油炸食品

大家好，我是叶子妈妈。前面我们讲了不健康的烹饪方式——烧烤，从中我们知道了烧烤会产生苯并芘以及杂环胺。今天我们要揭秘另一种不健康的烹饪方式，就是油炸。油炸食品我们其实经常接触，比如上海小吃油墩子、糍饭糕，还有七宝臭豆腐。对了，阿呆，还有你爱吃的炸猪排和炸薯条。

阿呆，你忘记啦，杂环胺是肌肉组织中的氨基酸和肌酸在高温条件下形成的，烹调的温度越高，生成的有害物质杂环胺就越多。除了我们讲的烧烤以外，油炸这一烹调方式，温度也很高啊，所以也会形成杂环胺。

薯条里虽然没有杂环胺，却含有丙烯酰胺，那又是什么呢？快来扫码听录音了解一下吧

叶子妈妈，怎么被你说得这也不能吃那也不能吃啊！阿呆感觉以后只能靠小菜花度日了。

叶子妈妈，你刚刚不是说杂环胺是肌肉组织里的什么什么酸在高温条件下形成的吗？薯条是用土豆做的，是蔬菜啊，怎么可能有杂环胺呢？

知识点

丙烯酰胺，也是致癌物质。一些富含碳水化合物的低蛋白食品，比如土豆，在用油炸、烧烤等方式高温烹饪时，当温度超过120摄氏度时就会产生丙烯酰胺。

动物实验的研究证明，丙烯酰胺这种毒性物质会引起生殖问题和癌症。丙烯酰胺除了在油炸薯条、油炸土豆片里含量高以外，在咖啡，特别是速溶咖啡里含量也比较高。

9. 再聊一聊亚硝酸盐，腌制食品到底有没有害？

大家好，我是叶子妈妈。昨天我们讲了第二种不健康的烹饪方式——油炸，今天我们要探讨一下盛传的另一种不健康的烹饪方式——腌制。腌制食品很常见，比如火腿、酱瓜、榨菜、咸鸭蛋、泡菜等。腌制就是让食盐大量渗入食品组织内来达到保藏食品的目的。比如说腌咸鸭蛋，就是用盐水浸泡鸭蛋或者用含盐的泥土把它包裹起来，并添加石灰、纯碱等辅料。

阿呆，腌制最早的目的是为了防止食物腐败和变质。腌制能够使盐或者糖渗入食品组织中，降低它们的水分活度，提高它们的渗透压，抑制腐败菌的生长。

叶子妈妈，为什么要
把这些食物搞得咸咸的啊？

那为什么又说腌制食品里面都含有有毒物质呢？
快来听录音寻找答案吧~

知识点

腌制食品里面含有的亚硝酸盐，一般不会危害人体健康。但是亚硝酸盐进入人体后，在特定条件下会与胺类物质发生反应，转化为致癌物亚硝胺。

一般来说，腌制食品按照腌制周期分为两种，一种是暴腌，就是腌制完之后立即食用；另一种是较长时间的腌制，在这种情况下，腌制品中的亚硝酸盐含量会在腌制后的4天到8天内达到峰值，含量最高，而第9天之后就开始下降，一个月左右就基本消失了。

原来如此~

10. 可乐与曼妥思，当心肚皮会爆炸（上）

大家好，我是叶子妈妈。前面几天我们讲了不健康的烹饪方式，今天起我们要开始讲化学与饮食的第三个主题——不健康的食物组合，这些组合会产生可怕的化学反应。阿呆，你嘴巴吧唧吧唧地在干嘛啊？

我在嚼口香糖啊。小聪聪跟我说喝绿茶能减肥，可是阿呆不爱喝茶，所以就买了绿茶口味的曼妥思口香糖。阿呆更喜欢喝可乐。

阿呆，你可千万不要一边嚼曼妥思一边喝可乐，当心肚皮会爆炸。

吃完曼妥思再喝可乐真的会肚皮爆炸吗？

快来扫码听录音了解一下吧～

知识点

亨利定律，就是指在一定温度时，气体在溶液中的溶解度与这种气体的压力成正比。我们把可乐灌入饮料瓶子时，因为瓶子会用盖子封口，所以气体出不去，于是瓶内压力就比较高，可乐里面的二氧化碳含量也能一直保持较高的水平。但是当瓶盖突然打开，瓶内气压会迅速变低，二氧化碳的溶解度变低了。所以打开可乐瓶盖的时候，会咕嘟咕嘟冒出来好多气体。

11. 可乐与曼妥思，当心肚皮会爆炸（下）

大家好，我是叶子妈妈。昨天我们讲了亨利定律，就是指在一定温度时，气体在溶液中的溶解度与这种气体的压力成正比。

哎呀，叶子妈妈你就别啰嗦了，快点进入正题，和我们讲一讲为什么晃动可乐瓶会产生更多的气体，为什么加入曼妥思可乐会沸腾起来，还有还有，最重要的是一边吃曼妥思一边喝可乐肚皮到底又会不会爆炸呢？！

好！那今天我们就来一一揭秘！气泡的产生其实是一种成核现象。阿呆，你仔细看看这瓶可乐，有没有发现气泡产生的位置是固定不动的？

小朋友，想知道神奇的可乐喷泉是怎么形成的吗？

还有阿呆的肚皮能不能保住呢？

快来扫码听录音了解更多吧~

CO_2

知识点

- 成核现象是指液体气化或蒸汽液化等相变的初始阶段。

- 可乐与曼妥思相遇产生大量气泡的原因：
  第一个原因是起泡点，往可乐里加入曼妥思，就相当于加入了大量的起泡点。因为曼妥思虽然看起来很光滑，但在显微镜下却像是月球表面，坑坑洼洼的，密集地布满了突起和小坑。
  第二个原因是表面的张力，曼妥思里含有阿拉伯胶，它是一种活性剂，能够削弱液体的表面张力，所以就导致气体更容易冲出液体。

- 沸腾可乐的现象是不会出现在食用的过程中的，所以阿呆的肚皮不会爆炸哦，但是也不建议同时吃这两种食物哦，因为这两种食物还是会产生一定量的气体，会造成胃部不舒服，影响健康。

CO_2

12. 哪些食物不能一起吃，不健康的食物组合

大家好，我是叶子妈妈。前面两天我们讲了可乐和曼妥思，今天我们要讲还有哪些食物组合在一起也会发生化学反应。有些食物虽然很健康，但是两两组合一起食用却会产生化学反应，变得对身体有害。

★芹菜与菊花不能同食

芹菜和菊花都是清热解毒，降血压的食物，一起吃会轻微中毒导致肠胃不适引起呕吐。

★芹菜与醋不能同食

醋中含有大量的酸性成分，它与芹菜一起食用，会加快人体内钙的分解，时间久了会导致人体缺钙。

★黄瓜和芹菜、辣椒、柑橘等不宜同食

因为黄瓜中含有维生素C分解酶，和富含维生素C的蔬菜、水果在一起食用，会分解其中所含的维生素C，使营养价值下降。

抗坏血酸解酵素

★白萝卜和胡萝卜不能同食

因为胡萝卜中含有一种抗坏血酸解酵素，它会把白萝卜中的维生素C破坏掉，还可能引起败血症。

哪些食物不能一起吃呢？快来扫码听录音了解一下吧~

★猪肝和富含维生素C的食物不宜同食

因为猪肝里面含有的铜、铁元素能使维生素C氧化，失去原来的抗坏血酸功能。

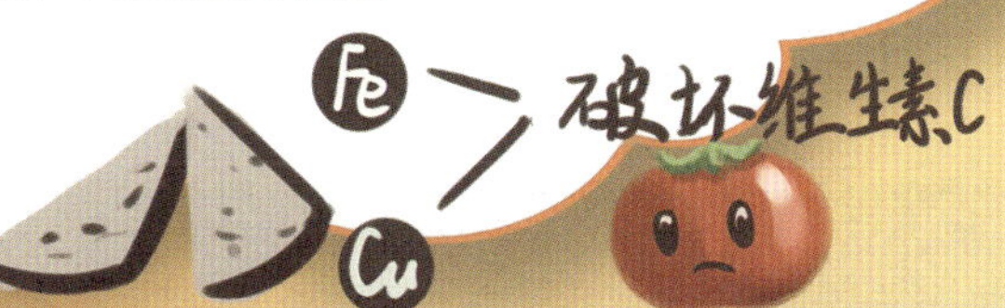

13. 化学与饮食复习课

大家好，我是叶子妈妈。

今天叶子妈妈要和你们来一次复习课。在化学与饮食里面我们讲了三个主题，第一个主题我们讲了什么是有毒的食物；第二个主题我们讲了不健康的烹饪方式，包括烧烤、油炸以及腌制；第三个主题我们讲了哪些食物不建议组合食用。

小朋友，还记得叶子妈妈讲了哪些知识吗？

快来扫码听录音复习一下吧~

一、有毒的食物

- 臭鸡蛋里面含有对人体有害的硫化氢气体；
- 毒蘑菇里的鹅膏毒肽会造成肝细胞坏死；
- 隔夜食物会产生亚硝酸盐，进入人体后又会转变为致癌物质亚硝胺；
- 发芽土豆、青西红柿、胖胖的豆芽也都不能食用。

二、不健康的烹饪方式

- 烤肉里面含有苯并芘和杂环胺，这两种都是致癌物质，所以一定要少吃或者采用健康的方式制作；
- 油炸食品中含有致癌物质丙烯酰胺，所以也要尽量少吃或者不吃；
- 腌制食品分为两种，一种是暴腌，就是腌制完之后立即食用，另一种是较长时间的腌制，要在适合的时间段才可以食用。

三、不宜同食的食物组合

- 可乐和曼妥思不能同食；
- 芹菜和菊花不能同食；
- 黄瓜和富含维生素C的食物不宜同食；
- 猪肝和富含维生素C的食物不宜同食。

小朋友记住了吗？

第二篇 化学与药物

在化学与药物这一篇里，叶子妈妈将带你们了解药物中蕴藏的化学知识，主要包括三个主题：第一个主题是最常用的皮肤消毒剂；第二个主题是某些药物是把双刃剑，药效关键看运用；第三个主题是可怕的毒品。

1. 化学与药物，让我们跟着化学揭秘神秘的医学

大家好，我是叶子妈妈。截止到目前，叶子妈妈已经讲完了化学与饮食篇。今天起，叶子妈妈会开始和大家讲化学与药物。这一篇会讲三个主题，第一是最常用的皮肤消毒剂；第二是某些药物是把双刃剑，药效关键看运用；第三是可怕的毒品。今天，我们先从碘酒讲起。

碘酒阿呆知道的，我们家的医药箱里就有，上次我摔了一跤，叶子妈妈给我涂过的。

是的，常用碘酒是含碘2%~3%的酒精溶液，可以用于治疗皮肤感染和消毒。碘酒有强大的杀灭病原体作用，它可以使病原体的蛋白质发生变性，杀灭细菌、真菌、病毒、阿米巴原虫等，可以用来治疗许多细菌性、真菌性、病毒性皮肤病。

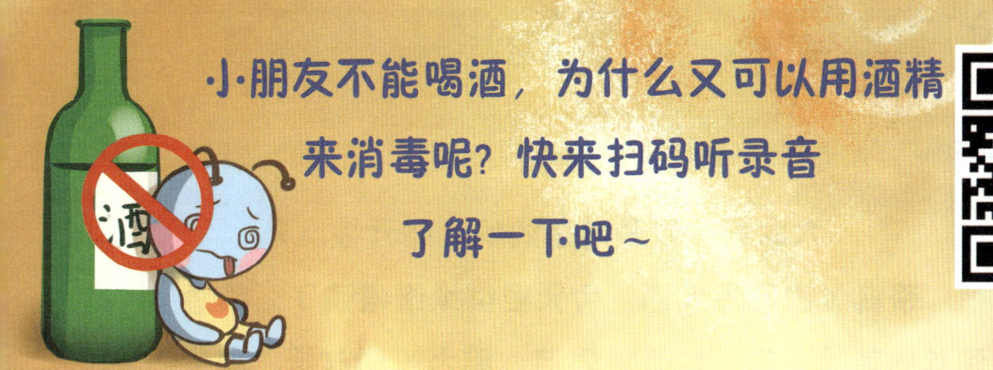

小朋友不能喝酒，为什么又可以用酒精来消毒呢？快来扫码听录音了解一下吧~
酒

知识点

- 酒里含有的乙醇会损害肝脏，持续过量饮酒会损伤肝细胞，干扰肝脏的正常代谢，所以会导致酒精性肝炎以及肝硬化。
- 酒精具有杀菌作用，涂一点点在伤口上，不会对肝脏造成损害。
- 一个人对酒精的代谢能力，很大程度取决于自己体内乙醇脱氢酶和乙醛脱氢酶系统的活性，这种差异是遗传和环境因素综合作用的结果。

2. 昨天被阿呆带偏，今天真的要讲碘酒了

大家好，我是叶子妈妈。昨天被阿呆带偏讨论了半天酒，今天要继续讲碘酒了。碘酒和其他药品一样，也有保质期。因为长期放置，碘会和溶液里的水缓慢地发生反应，产生碘氢酸和次氢酸。次氢酸还会进一步氧化乙醇，产生乙醛、乙酸，这个时候由于游离碘的含量减少，杀菌力下降，刺激性产物增多，所以会对皮肤产生刺激，让我们觉得不舒服。

叶子妈妈，这个你放心，阿呆没事啊就喜欢看看小药箱里面的药有没有过期。阿呆最惜命了，我要活得久一点，还有好多好吃的等着我呢。

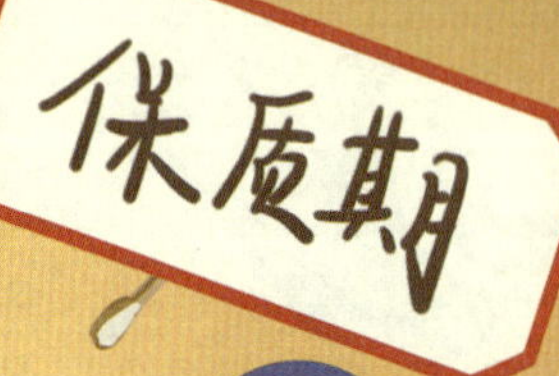

小朋友，使用碘酒还要注意些什么呢？

快来扫码听录音了解更多吧~

知识点

- 除了保质期，也要注意碘酒的保管方式，碘酒需要放在棕色玻璃瓶中，在密闭、阴暗条件下保存。因为碘酒容易挥发，如果发现它已经不再呈现红棕色，就说明它挥发严重，不可以再用了。
- 碘酒在保存时，不可以用橡胶、软木或金属瓶塞，因为这些物质可以与碘酒发生化学反应，使碘酒的杀菌作用减弱。
- 虽然碘酒杀菌，但是不能大面积使用，以防大量碘吸收而出现碘中毒，同时碘酒也不要用在溃烂的皮肤上。如果用了碘酒后，伤口部位有烧灼感、瘙痒、红肿等情况应该立即停药，并且将局部药物洗干净，然后去看医生。还有，碘酒千万不能和红药水同时涂用，否则会引起中毒！

3 红药水和碘酒混用会中毒？被淘汰的红药水

大家好，我是叶子妈妈。昨天我们讲了使用碘酒的注意事项。今天我们要特别讲一讲为什么碘酒和红药水混用会中毒。这主要是因为碘酒里含有碘，而红药水里含有汞，碘和汞相遇后会形成新的物质碘化汞。碘化汞是一种剧毒物质，对皮肤黏膜和其他组织会产生强烈的刺激，如果不慎吸入，或者口服，又或者经过皮肤进入体内，很有可能会致死。

我的天呐，太恐怖了啊！阿呆的小心脏都被吓得扑通扑通乱跳。那万一把碘酒和红药水混用了怎么办啊？是不是马上就会啊～啊～啊～的一命呜呼啊？

同样是消毒药剂，为什么红药水会被淘汰呢？小朋友，快来扫码听录音寻找答案吧~

知识点

- 万一不小心混用了红药水和碘酒，一定要立刻用生理盐水把涂的地方全部洗干净。另外为了安全起见，也要赶紧去医院，让医生对皮肤进行清创治疗。
- 从杀毒效果上来说，红药水的渗透性很弱，抑制细菌的效果也不是很好，消毒效果并不可靠。而且红药水含有重金属汞，具有一定的毒性，尤其不能用红药水去消毒那些面积大的伤口，否则很容易造成汞中毒！
- 碘酒杀菌能力强，毒性又小，所以和碘酒相比，红药水就被淘汰了。

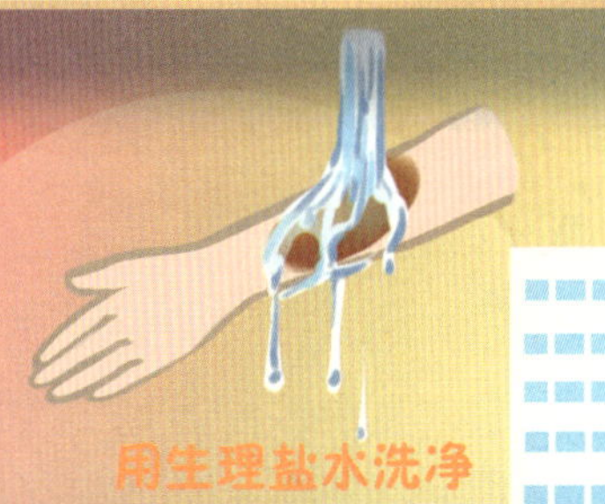

4. 药物也是双刃剑？先来聊一聊安眠药

大家好，我是叶子妈妈。前面我们讲了最常用的消毒剂、碘酒以及使用时的注意事项，还有碘酒和红药水是不能混用的，它们在一起会变身为毒药。今天起我们要进入第二篇的第二个主题：药物是把双刃剑，我们先来讨论安眠药。大家都知道，如果我们长期入睡困难、睡眠质量下降或睡眠时间减少，那么记忆力和注意力就会下降，学习或者工作的时候就会无精打采。

哎？奇怪，阿呆明明睡得早起得晚，一天睡十二个小时，为什么学习的时候也会无精打采呢？难道我也需要吃点安眠药？

阿呆，别嘀嘀咕咕了，你那是“懒癌”症状，和睡眠没有关系。对了，除了无精打采，失眠还会加重或诱发心悸、胸痹、眩晕、头痛、中风等病症。

安眠药可不能乱吃哦，
快来听录音了解一下吧～

知识点

- 安眠药是一种能够快速诱导睡眠、延长总睡眠时间及形成深度睡眠过程的药物。目前常用的治疗失眠的药物有镇静催眠药（包括巴比妥类、苯二氮卓类、非典型苯二氮卓类）、抗抑郁药和中药。另外，迄今为止，镇静催眠药已经历前后三代发展历史。
- 第一代镇静催眠药物包括巴比妥类、水合氯醛、三溴合剂和安泰乐等。由于巴比妥类安眠药容易成瘾也容易中毒，过量服用还会致死，所以现在已经被淘汰了。

5. 第二代安眠药BZD，以及第三代药物ZBT

大家好，我是叶子妈妈。
昨天我们讲了第一代安眠药
巴比妥类。今天我们要讲第二代
以及第三代安眠药。

小朋友们，如果你只是和阿呆一样，一学习就无精打采，那不是失眠症，不需要吃安眠药的，何况安眠药那么危险，搞不好还会让人啊~啊~啊~我们还是老老实实地看书、写作业吧！反正看书写作业对阿呆来讲，一样有催眠效果。

第二代和第三代安眠药是什么样的呢？
它们安全吗？快来扫码听录音了解一下吧~

知识点

- 第二代安眠药主要是指苯二氮卓类镇静催眠药BZD。它能迅速诱导使用者入睡，减少夜间觉醒次数，延长睡眠时间并提高睡眠质量。但是也有副作用，服用它醒后可能会导致人的认知功能障碍，使人迷迷糊糊的，什么都不记得了。
- 第三代安眠药主要包括唑吡坦（坐比坦）ZBT、扎来普隆、佐匹克隆。ZBT能显著缩短入睡时间，同时能减少夜间觉醒次数，增加总睡眠时间，改善睡眠质量，并且到了白天没有明显的后遗症。
- 我们如果是短期失眠，不一定要服用安眠药，还有一些更自然的助眠方式，比如睡觉前可以洗个澡，放松身体，睡前一小时远离电视和手机，或者喝一杯温热的牛奶。

6. 戏说拿破仑和光绪皇帝死因，亦邪亦正的砒霜（上）

大家好，我是叶子妈妈。

前面我们讲了安眠药的发展过程，这些安眠药都不是完全无毒无害的，所以叶子妈妈建议小朋友们还是通过睡前洗澡以及喝温热牛奶的方式来助眠。今天我们要来讲亦邪亦正的砒霜。

哎呀，砒霜可是毒药呢！我听说外国的拿破仑和中国的光绪皇帝都是死于砒霜呢！

叶子妈妈，小聪聪说的是真的吗？

砒霜是含砷化合物，的确毒性非常强，它进入人体后能迅速破坏某些细胞呼吸酶，使这些组织细胞不能获得氧气而死亡；同时它还能引发强烈出血，破坏血管组织，并刺激胃肠黏膜，使黏膜溃烂，并直接破坏我们人体解毒大本营——肝脏，最终让中毒者因为呼吸和循环系统衰竭而死。

为什么说拿破仑和光绪皇帝是被砒霜毒死的呢？快来扫码听录音寻找答案吧

小知识

- 录音中的故事告诉我们：由于在拿破仑和光绪皇帝的头发中检测到大量的砷，因此科学家们推断拿破仑和光绪帝很可能死于砒霜中毒。
- 一根头发能告诉我们的东西有很多。比如说，我们可以根据头发中微量元素铬的含量，来诊断糖尿病和心血管病；从镉、铅的含量，来诊断高血压，甚至可以判断一个人是否长寿；另外，综合分析头发中14种微量元素的含量，还可以判断一个儿童是否聪明、智力发展的程度，其准确率高达98%。

7. 毒药也能治病救人？亦邪亦正的砒霜（下）

小聪聪，你快看看我今天有没有“熊猫眼”？昨天我们讲砒霜，吓得我晚上觉都不敢睡，之前听了叶子妈妈的小录音，也不敢吃安眠药，搞得我像大熊猫一样。

砒霜(As_2O_3)

阿呆，你要是能收一收你的大肚子，就算三天不睡觉，也不至于像大熊猫一样啊。

好啦，小朋友们，昨天叶子妈妈和你们讲了砒霜，也就是三氧化二砷毒性很强，它进入人体后能迅速破坏某些细胞呼吸酶，使这些组织细胞不能获得氧气而死亡。但是，如果使用得当，其实三氧化二砷在医学上也是可以用来治病的。

为什么说砒霜也可以是良药呢？

小朋友，快来扫码听录音了解更多吧~

知识点

- 含有砒霜的“福勒溶液”对于治疗皮肤癌、乳腺癌、高血压、胃出血、心绞痛、慢性风湿病甚至白血病都很有效果，但是福勒溶液治疗白血病只是治标不治本，而且口服后，病人的耐受性不好，砒霜的毒副作用也比较明显，所以慢慢地福勒溶液也成为了历史。

- 虽然福勒溶液成为了历史，但在近代医学的不断研究中发现，砒霜不仅能终止癌细胞的分裂，杀死癌细胞，还能诱导癌细胞“改恶从善”转变为正常细胞。研究结果显示，砒霜对肝癌、食管癌、胃癌和骨髓瘤等有乐观的疗效，对泌尿生殖系统和淋巴系统的恶性肿瘤可能也有一定的抑制作用。

8. 从罂粟和鸦片战争讲起，可怕的毒品（上）

大家好，我是叶子妈妈。前面我们讲了药物也是双刃剑，讨论了安眠药和砒霜。现在我们要进入化学与药物的第三个主题——可怕的毒品。在这个主题里叶子妈妈会和大家揭秘毒品的起源、毒品的危害以及怎样保护自己。我们先来讲毒品的起源，这要从鸦片罂粟讲起。

叶子妈妈，你干嘛要跟我们讲这么可怕的东西啊，而且阿呆整天上学、放学，两点一线，感觉毒品离我的生活很遥远哎。

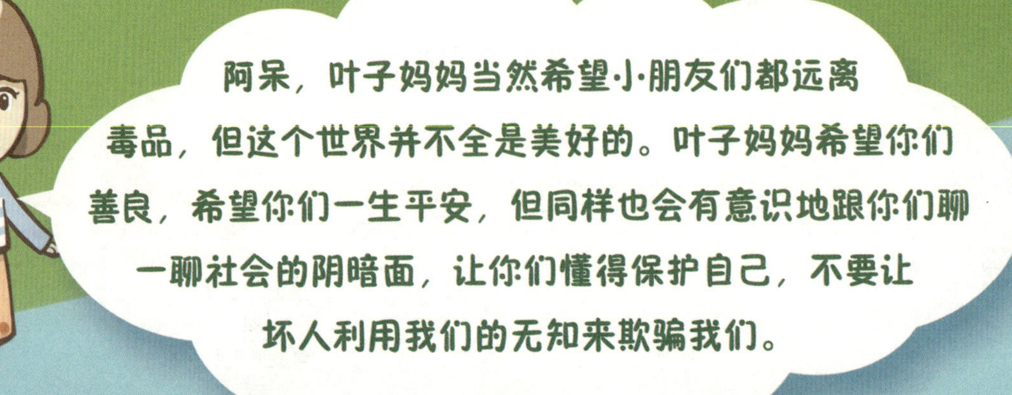

阿呆，叶子妈妈当然希望小朋友们都远离毒品，但这个世界并不全是美好的。叶子妈妈希望你们善良，希望你们一生平安，但同样也会有意识地跟你们聊一聊社会的阴暗面，让你们懂得保护自己，不要让坏人利用我们的无知来欺骗我们。

小朋友，为了更好地保护自己，
快来扫码听录音了解一下毒品的起源吧~

知识点

- 鸦片来自于罂粟的果实。罂粟是夏季开花，颜色艳丽，花瓣紧密排列，整朵花的外观就好像毛绒球一样。罂粟生长和使用的最早时间是在公元前3400年。它的种植沿着我国古代丝绸之路，从地中海到亚洲，最后到中国，并成了19世纪中期鸦片战争的催化剂。

- 19世纪上半叶，英帝国主义将大批鸦片输入中国，无数老百姓因为抽上了鸦片，闹得家破人亡；好多士兵自从抽上了鸦片，就再也没有力气打仗了；而那些地主老财们为了买大烟，就更加残酷地搜刮贫困的老百姓。眼看着老百姓深受其害，林则徐主动请缨实施禁烟。

9. 外源性阿片样物质，可怕的毒品（中）

大家好，我是叶子妈妈。前面我们讲了毒品鸦片的起源，讲了林则徐虎门销烟后爆发了鸦片战争。

叶子妈妈，阿呆搞不懂，毒品有害健康不是人人都知道的事情吗？为什么还有人要去吸食鸦片呢？

阿呆，你说得对！鸦片对一个人的危害是一生的，甚至可以摧毁整个国家。鸦片在吸食进去之后会让人兴奋并产生短暂的快感和幻觉，而这只是暂时性的，同时它也会让吸食者产生依赖，一旦停止吸食鸦片，他会特别痛苦，会四肢无力，厌食便秘，还会不停地流眼泪、流鼻涕。

毒品为什么会严重危害身心健康呢？快来扫码听录音了解一下吧~

知识点

- 在正常情况下，我们的身体本身会产生一定数量像鸦片一样作用的物质，叫“内源性阿片样物质”，它们会维持我们身体各种功能的平衡。而被吸食入人体内的鸦片类物质，叫“外源性阿片样物质”，它会邪恶地占据我们的身体，打败“内源性阿片样物质”，导致它们分泌不足。当吸毒的人停止吸毒时，他们体内就会出现内源性和外源性阿片样物质都不足的情况，因此就会出现各种痛不欲生的症状。

- 毒品带给人类的危害可以说是毁灭性的，它不仅会让吸食它的人产生焦虑不安、恶心呕吐、流泪流涕、腹痛腹泻等一系列痛苦的症状，更可怕的是，它会对大脑神经细胞产生直接的损害作用，导致神经细胞变性、坏死，出现急慢性精神障碍。这就类似精神分裂症，甚至会让人产生犯罪妄想，走向犯罪的道路。

10. 珍惜生命远离毒品，可怕的毒品（下）

大家好，我是叶子妈妈。前面我们讲了毒品的危害，接下来我们来讲如何保护自己，远离毒品。首先，我们要特别注意不能接受陌生人给我们的小零食。在2018年10月，公安部门发布了一条关于新型毒品的微博，告诉我们毒贩把毒品伪装成了邮票贴纸、巧克力、糖果、曲奇饼干等，只需要很小的剂量就可以让人产生强烈的幻觉。

小心毒品伪装

我的天呐，邮票贴纸、巧克力、糖果、曲奇饼干，这些都是阿呆喜欢的东西啊，看来以后如果遇到陌生人给我这些漂亮的美味的东西，我坚决不能要了！

说得对，阿呆！其次，我们也要注意身边的朋友。所谓”近朱者赤近墨者黑“，我们尽量不要去酒吧或者歌厅这种地方，也不要和那些经常去酒吧、歌厅的人走得太近，因为在这种嘈杂的场合，容易有一些坏人出入其中。

嗨起来!

还有哪些需要注意的呢？小朋友，快来扫码听录音了解更多吧

情景一：陌生人

（叶子妈妈假扮）

小朋友，给你糖吃~

不要不要~

情景二：同学

我昨天得了个宝贝，
你要不要闻闻？
不要，阿呆要
回去写作业了。

安全小贴士

小朋友，除了这些，我们还要时刻保持冷静和克制，千万不要因为别人用话语激将，我们就去急于攀比或者跟风证明自己勇敢。记住：**珍惜生命，远离毒品。**

11. 化学与药物复习课

大家好，我是叶子妈妈。前面几天我们讲了化学与药物，今天我们要来一次复习。在化学与药物这一篇里，叶子妈妈讲了三个主题，第一个主题讲了最常用的皮肤消毒剂；第二个主题讲了药物是双刃剑，药效关键看运用；第三个主题，叶子妈妈带着大家了解了可怕的毒品。

一、最常用的皮肤消毒剂

- 碘酒和红药水不能混用哦，碘酒里含有碘，而红药水里含有汞，碘和汞相遇后会形成新的物质碘化汞，是一种剧毒物质。
- 现在红药水已经被淘汰了。

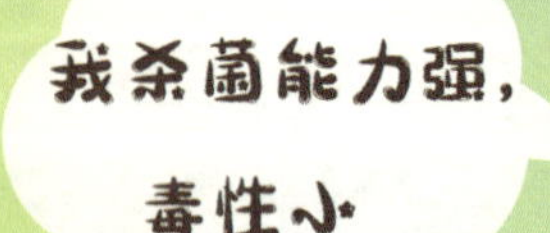

我抑菌能力弱，
毒性大

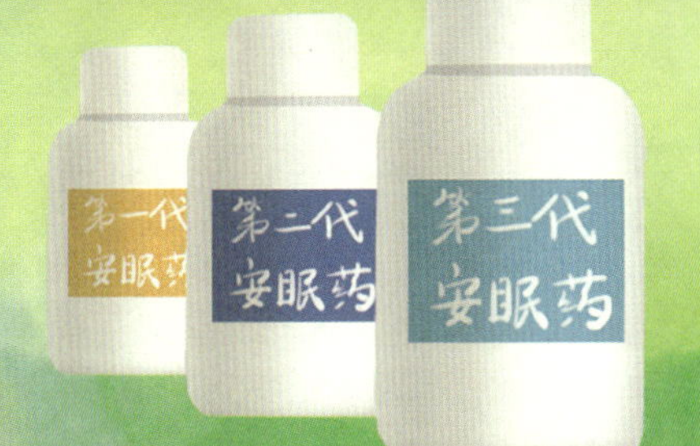

二、药物也是双刃剑

- 虽然安眠药在不断地升级换代，但也不是完全没有副作用。建议采用自然健康的方式助眠。
- 砒霜是含砷化合物，毒性非常强，但是在医生的指导下运用得当也能够治病救人呢。

三、珍爱生命远离毒品

- 毒品的起源——罂粟。
- 毒品对人的身心健康会产生巨大的危害。
- 小朋友千万不要吃陌生人给的食物哦。

小朋友，快来扫码听录音，和阿呆一起回顾一下本篇的内容吧~

SUN
SCREEN

第三篇 化学与美容

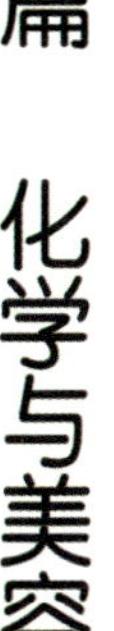

在化学与美容这一篇里，叶子妈妈将带你们了解日常所用护肤品和化妆品中的化学知识，主要包括三个主题：第一个主题是化学与护肤品，第二个主题是化学与化妆品，第三个主题是染发剂。想要健康变美或变帅的你一定会有所收获。

1. 化学与护肤，先来聊一聊美白护肤品

大家好，我是叶子妈妈。从今天起，我会开始和大家讲化学与美容。首先我们来讲一讲化学与护肤品；其次我们讲讲化学与化妆品；最后我们要讲染发剂。

首先我们要来讲化学与美容里面的第一个主题——化学与日常护肤品。我们要讲两类最常见的护肤品，一类是美白产品，一类是防晒霜。

今天我们先来走进美白护肤品的世界，和大家讲一讲其中的化学成分。当今主流的美白成分包括曲酸、对苯二酚、熊果素、果酸和维生素C。

想健康变白变美吗？
那就快来扫码听录音了解
一下各种美白成分吧~

曲酸

能够抑制引发黑色素的酪氨酸酶形成，性质温和，但美白效果慢，不稳定。

对苯二酚

去色素剂，
初期美白效果明显，
但是对皮肤刺激性较大，
容易导致皮肤炎症。

熊果素

又名熊果苷，
具有干扰黑色素细胞，
淡化黑色素的能力，
比对苯二酚的刺激性小。

果酸

能够去除粗糙多余的角质层，使皮肤看起来白嫩、光滑。但是长期使用有可能使皮肤变薄，变敏感。

维生素C

天然无害，
抗氧化能力强，能够
抑制黑色素的氧化反应，
达到美白效果。

2. 化学与护肤，防晒霜里的UVA和UVB（上）

大家好，我是叶子妈妈。

昨天我们学习了化学与美白护肤品，今天叶子妈妈要带着大家走进第二类常见的护肤品——防晒霜。1962年，瑞士的化学家提出了SPF防晒值理念，SPF值越高，防晒产品防紫外线的时间越长。

对对对，叶子妈妈，阿呆在你的防晒霜上也经常看到什么SPF，这几个字母是什么意思啊？

小朋友们，想知道SPF代表什么吗？

这还得从UVB讲起，快来扫码听录音了解一下吧~

知识点

- SPF是日光防护系数Sun Protection Factors的英文缩写，它是防晒化妆品保护皮肤，避免日晒红斑的一种性能指标。
- UVB波段，波长范围275~320纳米，又称为中波红斑效应紫外线，具有中等穿透力，夏天或者午后会特别强烈。
- 防晒霜可以在肌肤表面形成一层紫外线防护膜。

晒红斑

晒黑

晒伤

晒脱皮

UVB

SUN SCREEN SPF 15

3. 化学与护肤，防晒霜里的UVA和UVB（下）

大家好，我是叶子妈妈。

昨天我们学习了防晒霜的SPF值和UVB，今天我们要讲UVA。UVA波段是波长为320~420纳米的紫外线，又称为长波黑斑效应紫外线。和UVB紫外线相比，它有很强的穿透力，可以直达肌肤的真皮层，破坏弹性纤维和胶原蛋白纤维，将皮肤晒黑。

我的妈妈呀，听上去这个UVA比UVB更厉害耶。

干燥老化

失去弹性

小朋友们，想知道防晒霜上面的PA+++代表什么吗？快来扫码听录音了解一下吧~

知识点

- UVA紫外线有超过98%能穿透臭氧层和云层到达地球表面，可以直达肌肤的真皮层。
- SPF值也不是越高越好哦，因为越高，皮肤的“呼吸”就会越困难，一般选择SPF值为15的防晒霜就够了。
- 防止UVA紫外线的指标用PA或者是PPD表示，“+”越多表示防御效果越强。

晒斑

皮肤暗沉

皮肤松弛

出现皱纹

SUN SCREEN SPF15 PA+++

表皮层

UVA

真皮层

4. 化学与化妆品，让叶子妈妈欲罢不能的口红

大家好，我是叶子妈妈。

还记得之前我们讲了化学与美容的第一个主题护肤品吗？我们讲了美白护肤品以及防晒霜。从今天起，叶子妈妈要带着大家进入化学与美容的第二个主题——化学与化妆品，今天我们先来讲讲口红。

哎？叶子妈妈，我看你平时虽然不太注意化妆，但是口红倒是经常用的，你记得吗？阿呆还用你的口红画过红太阳呢！

阿呆！你还好意思说呢！口红应该是女孩子们最常见的化妆品，早在五千年前，古埃及人就会使用黑色、橘色、紫红色的口红。

小朋友，想知道口红的主要成分有哪些吗？看似漂亮的口红又为什么会危害我们的健康呢？快来听录音了解一下吧~

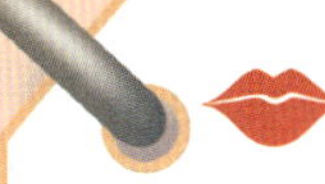

- 口红的主要成分是羊毛脂、蜡质、染料和香精。
- 羊毛脂含有胆固醇、羊毛固醇和甘油酯，能渗入皮肤，影响我们自身的代谢平衡，还会造成角质提前坏死。
- 口红中所含的染料和香精也对人体有一定的危害性，特别是在喝水以及吃东西的时候若不注意，一旦这些有害物质进入体内就会影响健康。
- 口红最好不要经常使用，而且应选择口碑好的品牌；使用时还应注意保质期；吃饭前记得先用湿纸巾把口红擦干净哦。

5. 化学与化妆品，指甲油里的有害物质（上）

大家好，我是叶子妈妈。前面我和大家讲了口红，今天我们要讲指甲油。指甲油是用来修饰和增加指甲美观的化妆品，它能在指甲表面形成一层耐摩擦的薄膜，起到保护、美化指甲的作用。但指甲油里面含有有害物质，使用时要谨慎哦。

指甲油？叶子妈妈，阿呆看到小聪聪涂过指甲油的，是粉红色的，上面还有一些闪闪发光的东西，在太阳光底下就好像钻石一样闪闪发光，漂亮得一塌糊涂！

小朋友，别看指甲油漂亮，
它可不是什么好东西哦，
为什么这么说呢？快来扫码听录音了解更多吧~

知识点

- 指甲油一般是由两类物质组成的，一类是固态成分，主要是色素和闪光物质等；另一类是液体的溶剂成分，主要有甲醛、邻苯二甲酸酯、丙酮、乙酸乙酯等。
- 甲醛对人体是有害的，会让眼睛红肿变痒、咽喉疼痛不舒服，还会使声音嘶哑或者打喷嚏，甚至诱发癌症。
- 邻苯二甲酸酯对人体的健康有严重的危害，它会通过呼吸系统和皮肤进入体内，如果过多使用，会增加女性患乳腺癌的概率，还可能会危害到她们未来生育的宝宝的健康。

唔？这么可怕啊！我要赶紧告诉小聪聪去，而且坚决不能让她用涂了指甲油的小手碰到我！

6. 化学与化妆品，指甲油里的有害物质（下）

大家好，我是叶子妈妈。前面我和大家讲了指甲油里含有甲醛和邻苯二甲酸酯。今天我们会讲一讲另外两种成分丙酮和乙酸乙酯。我们先来做个有趣的小实验吧，去把小聪聪的指甲油拿过来，另外再把快递盒子里的泡沫板也拿来。

小朋友你们看，叶子妈妈懒得很，就知道指挥我干活。
叶子妈妈，你要指甲油干什么啊？给泡沫板化妆吗？

指甲油为什么会把泡沫“吃掉”呢？
那它也会吃掉我们的手指吗？小朋友，
快来扫码听录音跟阿呆一起了解真相吧~

我们还有绝招，放毒气！

知识点

- 指甲油里面的丙酮和乙酸乙酯能够溶解泡沫的主要成分——聚苯乙烯。
- 我们的指甲是很坚固的，不会被丙酮和乙酸乙酯溶解掉的。
- 丙酮和乙酸乙酯具有很强的挥发性，挥发时还有一股刺激性的气味，长期吸入的话，会对我们的神经系统产生危害。

泡沫板怎么被弄了个大窟窿！
太可怕了！指甲油竟然把泡沫吃掉了！
那它涂到我们的手指上，会不会也把我们的手指吃掉啊！

7. 化学与染发剂，四大“杀手”（上）

大家好，我是叶子妈妈。前面我们学习了化学与美容的第二个主题，化学与化妆品。今天起，叶子妈妈要开始讲化学与美容里的第三个主题染发剂。它是给头发染色的一种化妆品。但是染色剂中含有致癌物质，频繁使用，甚至会导致皮肤过敏、白血病等多种疾病。

叶子妈妈，原来染发剂这么可怕啊，那你的头发还是白着吧，不要染黑了，说不定以后还可以做白发魔女。

想知道染发剂里到底有什么可怕的东东呢？

那就快来听录音了解一下吧~

知识点

- 对苯二胺是染发剂中必须用到的一种着色剂，是国际公认的一种致癌物质，具有很大的毒性，频繁使用，甚至会导致皮肤过敏、白血病等多种疾病。

- 除了对苯二胺，染发剂中的间苯二酚也具有毒性，它的水溶液或油膏涂在皮肤上能使皮肤受损，长期低浓度接触，还会引起呼吸道刺激症状以及皮肤损害。

8. 化学与染发剂，四大“杀手”（下）

大家好，我是叶子妈妈。前面我和大家讲了染发剂里的对苯二胺和间苯二酚。今天叶子妈妈就要和大家介绍另外两位“杀手”，它们分别是氨水和过氧化氢。氨水在染发剂里主要是作为碱化剂的，它能够起到让头发膨胀的作用，从而促进染料分子进入头发纤维。

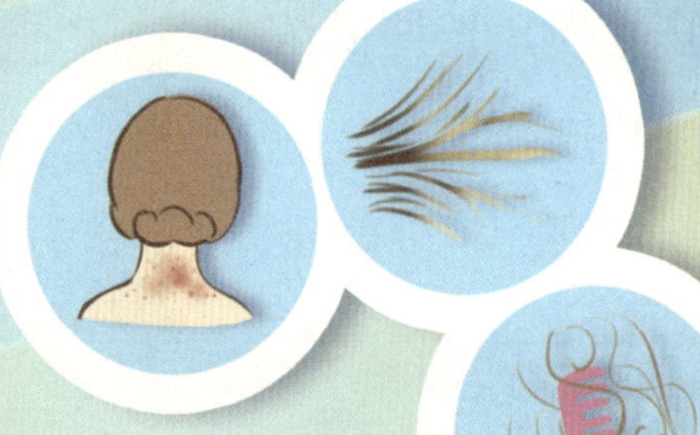

那听上去不是挺好的嘛！

阿呆，要知道，氨水与皮肤反复接触，会引起皮肤发炎，甚至还可以引起支气管炎。还有过氧化氢会让头发变硬变轻。长期使用染发剂，头发会变得枯黄、分叉、甚至脱发。

知识点

- 在通常情况下，只要使用染发剂长达10年，而人体的皮肤只要吸收1%的这种物质，都可以致癌。此外，使用染发剂还会使机体免疫功能紊乱，致使红斑狼疮发生。还有的染发剂会导致过敏性皮炎、过敏性眼结膜炎等。
- 一年尽量不要染发超过三次，而且最好只染长出来的新头发。

想知道怎样减少染发剂的危害吗？快来听录音了解一下吧~

9. 化学与染发剂，拔白头发有用吗？

大家好，我是叶子妈妈。前面我和大家讲了染发剂里隐含的四大“杀手”。所以说叶子妈妈不建议大家使用染发剂。

万一你们长白头发了，可以把它拔掉嘛。昨天小聪聪就帮我拔了一根头发，很简单的，1、2、3……嘿呦嘿~哎呦喂~就拔下来了！

阿呆，你不要乱说！要知道，头发是从毛囊里面长出来的，头发的颜色是由毛囊里毛母细胞分泌的黑色素决定的。黑色素越多，头发就越黑，数量也会越多；相反，头发就减少，颜色也会变淡。

小朋友，想知道怎么养护我们的头发吗？
那就赶快来听录音了解一下吧

知识点

- 毛母细胞分裂增殖旺盛，细胞体积增大，毛发生长速度就会加快，反之就会出现头发稀疏，发质变软。

- 黑头发的色素中含有铜、钴、铁等微量元素，如果缺乏这些物质，头发就可能变白。其次，一些生理病理的原因，甚至不好的心理因素也会干扰或影响内分泌功能，内分泌水平的失衡又会殃及毛乳头生成黑色素的能力。

- 要多吃些富含维生素的豆类、蔬菜、瓜果、杂粮，以便全面摄取生成黑发的营养素。

拔了也没用哦！

10. 化学与美容复习课

大家好，我是叶子妈妈。在化学与美容这一篇里我们学习了三个主题，第一个主题是化学与护肤品，谈到了美白产品和防晒霜；第二个主题是化学与化妆品，讲到了口红和指甲油；第三个主题是染发剂。

让我们跟着录音来复习一下吧

一、化学与护肤品

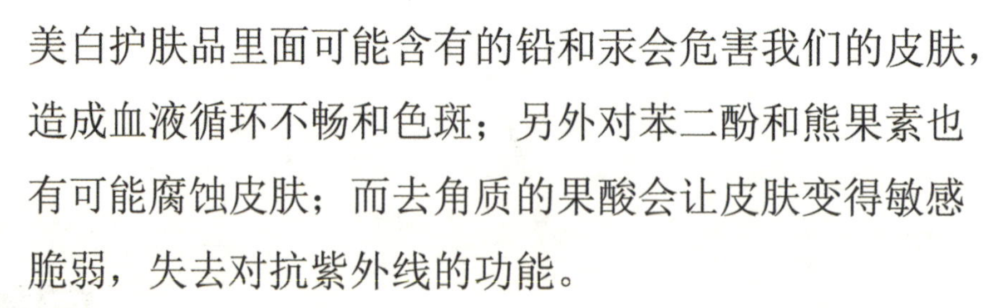

- 美白护肤品里面可能含有的铅和汞会危害我们的皮肤，造成血液循环不畅和色斑；另外对苯二酚和熊果素也有可能腐蚀皮肤；而去角质的果酸会让皮肤变得敏感脆弱，失去对抗紫外线的功能。

- 防晒霜上面的SPF代表对紫外线UVB的防护效果，PA代表对紫外线UVA的防护效果的。PA指数更关键哦。

二、化学与化妆品

- 口红里的羊毛脂，能渗入皮肤影响我们自身的代谢平衡，同时也具有很强的吸附性，所以会把尘埃、细菌、病毒等有害物质吸附在我们的嘴唇上。

- 指甲油里的甲醛、邻苯二甲酸酯、丙酮和乙酸乙酯，这些都是对人体有害的物质，其中甲醛和邻苯二甲酸酯危害更大，而丙酮和乙酸乙酯会溶解泡沫板。

三、染发剂

- 染发剂里隐含着四大“杀手”，包括对苯二胺、间苯二酚、氨水和过氧化氢，会给头发和身体健康带来危害，所以应当不染或者少染发，用天然健康的方式养护头发。

第四篇　化学与环境

在化学与环境这一篇里，叶子妈妈将带你们了解化学对环境的影响，主要包括三个主题：第一个主题是大气污染，第二个主题是大气污染造成的衍生物，比如酸雨、温室效应以及臭氧层空洞，第三个主题是化学在我们生活的小环境里的影响。

1. 化学与环境，叶子妈妈也属于大气污染物？

大家好，我是叶子妈妈。从今天起叶子妈妈要和你们讲化学的最后一个篇章——化学与环境。在这一篇里，我也会讲三个主题，第一个主题我会和大家初步来谈一谈大气污染，第二个主题会讲大气污染造成的衍生物，比如酸雨、温室效应等，第三个主题我会谈一谈除了大环境，化学在我们个人生活的小环境里的影响也随处可见。

我们首先进入第一个主题，大气污染是指由于人类活动或自然过程引起某些物质进入大气中，呈现出足够高的浓度，达到足够的时间，并因此危害了人体的舒适、健康，或者危害环境的现象。

那叶子妈妈是不是也算大气污染物呢？

大气污染

知识点

- 大气污染物有自然因素和人为因素，人为因素的主要过程由污染源排放、大气传播、人与物受害三个环节构成。
- 大气污染物按照存在状态也可以分为两类。一类是气溶胶状态污染物，主要有粉尘、烟液滴、雾、降尘、飘尘、悬浮物等；另一类是气体状态污染物，如二氧化碳、二氧化氮等气体。

阿呆为什么觉得叶子妈妈也是大气污染物呢？
小朋友，快来扫码听录音寻找真相吧～

2. 化学与环境，大气污染的形成条件

大家好，我是叶子妈妈。今天我们要继续来学习大气污染的形成条件。要知道，大气中有害物质的浓度越高，污染就越严重，危害也就越大。而污染物在大气中的浓度，除了取决于排放的总量，还与气象和地形等因素有关。比如遇到大风天气，污染物就会被风吹散，

而如果没有风，污染物就可能聚集起来；再比如在山间谷地和盆地地区，污染物不容易扩散，经常会在谷地和坡地上回旋，污染物的浓度就会增加。

快来扫码听录音
了解更多知识吧~

知识点

- 正常的大气中主要含有对植物生长有好处的氮气(占78%)和人体、动物需要的氧气(占21%),以及少量的二氧化碳（0.03%）和其他气体。
- 大气污染主要是由于工厂排放、汽车尾气、农垦烧荒、森林失火等造成的。

就像在被子里放了个屁吗?

大气污染

3. 化学与环境，大气污染的危害（概述篇）

大家好，我是叶子妈妈。今天
我要来讲一讲大气污染具体有哪些危害。首先是
感觉上不舒服，随后生理上还会出现可逆性反应，比如
心脏早搏等，再进一步就会出现急性的呼吸道危害症状。
总体来说，大气污染对人体的危害又可以分为
急性中毒、慢性中毒和致癌三种。

我的天哪！大气
污染竟然危害这么大啊，

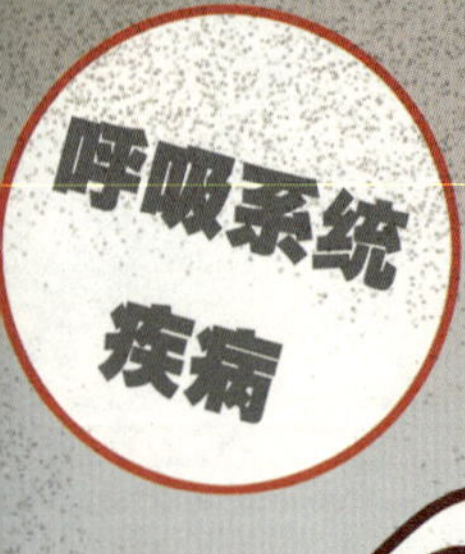

中毒

致癌

小朋友，大气污染的危害还不止这些，快来扫码听录音了解更多知识吧

知识点

急性中毒更多的是一些特殊事故，生活中更常见的是慢性中毒，主要表现为污染物质在低浓度、长时间连续作用于人体后，人体出现患病概率升高等现象。比如因为大气污染，城区居民呼吸系统疾病就明显高于郊区。

污染物长时间作用于肌体，损害体内遗传物质，引起突变，这种突变如果诱发成肿瘤的作用就称之为致癌作用。

4. 大气污染的衍生物酸雨，神秘的“杀手”（上）

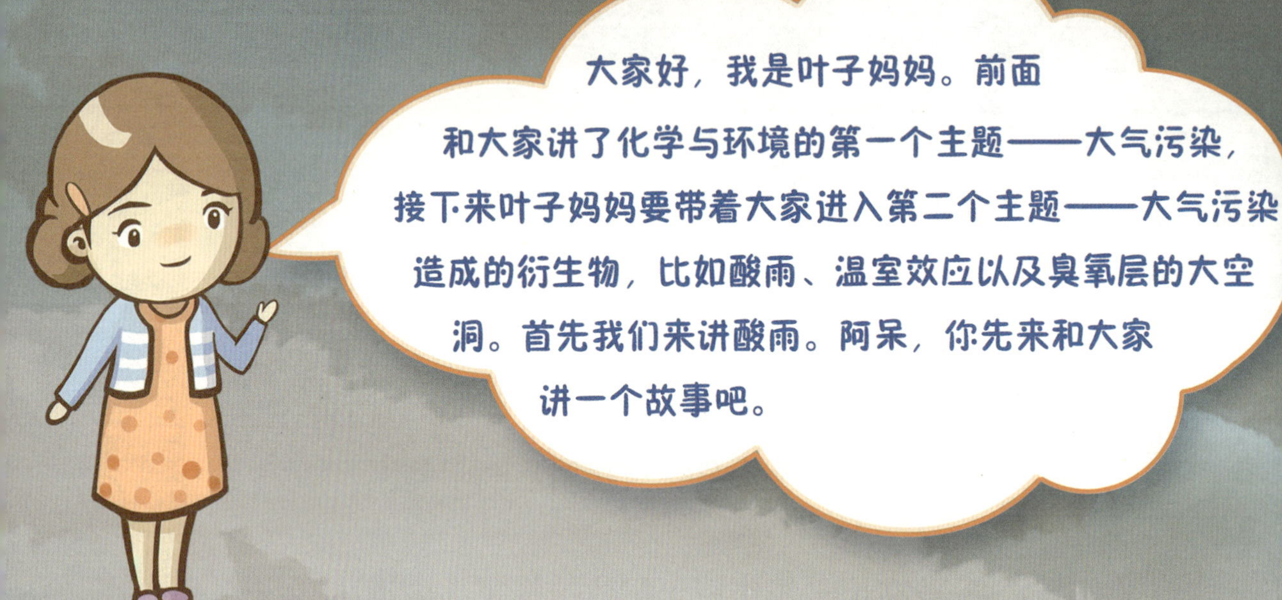

大家好，我是叶子妈妈。前面和大家讲了化学与环境的第一个主题——大气污染，接下来叶子妈妈要带着大家进入第二个主题——大气污染造成的衍生物，比如酸雨、温室效应以及臭氧层的大空洞。首先我们来讲酸雨。阿呆，你先来和大家讲一个故事吧。

二氧化硫
氮氧化合物等
水蒸气

想知道水稻是怎么被杀死的吗？

快来扫码听录音了解真相吧

遵命！在1982年6月的一个月黑风高的晚上，哗啦啦，哗啦啦，某个城市下了一场大雨，热乎乎的天气总算变得凉爽了一点。大家正高兴呢，没想到第二天发现田里的水稻都枯死了。唔？到底发生了什么？怎么水稻都死了呢？

知识点

酸雨是指pH值小于5.6的雨雪或其他形式的降水。在中国，酸雨主要是因为大量燃烧含硫量高的煤而形成的，此外各种机动车排放的尾气也是形成酸雨的重要原因。

酸雨

pH<5.6

5. 大气污染的衍生物酸雨，神秘的“杀手”（下）

大家好，我是叶子妈妈。今天要继续来讲酸雨的危害以及治理办法。酸雨会导致土壤酸化，土壤里原本含有大量铝的氢氧化物，土壤酸化以后，会加速土壤中含铝的原生和次生矿物风化，从而会释放出大量铝离子，形成植物可吸收的铝化合物。如果植物长期和过量吸收铝化合物，会中毒，甚至死亡。

除此以外，酸雨还会加速土壤中矿物质营养元素的流失。在酸雨的作用下，土壤中的营养元素钾、钠、钙、镁会流失出来，并随着雨水被淋溶掉。所以长期的酸雨会使土壤中大量的营养元素被淋失，从而使土壤变得贫瘠，影响植物的正常生长。

治理

想知道更多治理酸雨的办法吗？

那就快来扫码听录音了解一下吧~

土壤酸化

知识点
治理酸雨的办法
减少煤的使用，使用新能源，或者使用新科技，比如脱硫技术。
减少有害的工业排放，比如各个工厂生产出来的废气，可以先经过净化处理，然后再排放。
减少有害的生活排放，比如我们出行尽量乘坐公交或地铁，少开车，减少汽车尾气的排放。
Al^{3+}
铝离子
Al^{3+}
钾
钠
钙
镁

6. 大气污染的衍生物温室效应，好像温水煮青蛙（上）

大家好，我是叶子妈妈。
今天我要和大家讲一讲温室效应。

叶子妈妈，温室效应阿呆听说过的，小聪聪和我说过的，就是天气越来越暖和，就好像整个地球都开了暖气一样，阿呆觉得这样没有什么不好啊。

阿呆，并不是这样的哦。大气的温室效应会引发一系列问题，有科学家曾经比喻地球的温室效应对我们人类而言，就好像是温水煮青蛙，一开始你只是觉得有点暖和，慢慢地随着温度升高，等你发现已经危及生命，逃都来不及了。

小朋友，快来扫码
听录音了解更多知识吧~

知识点

温室效应，又称“花房效应”，是大气保温效应的俗称。大气能使太阳短波辐射到达地面，但地表受热后向外放出的大量长波热辐射线被大气吸收，这样就使地表与低层大气温度增高，因其作用类似于栽培农作物的温室，故名温室效应。

温室气体主要有二氧化碳、甲烷、臭氧、一氧化二氮、氟利昂以及水汽等。温室效应主要是由于现代工业社会过多燃烧煤炭、石油和天然气产生的。

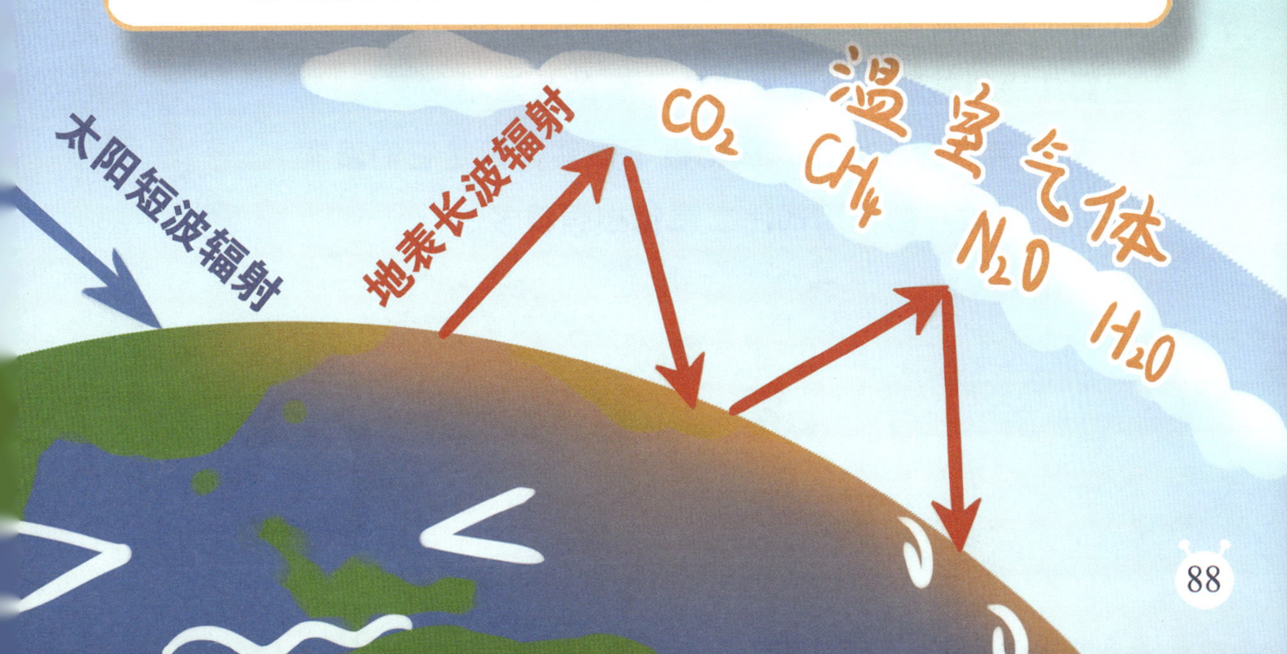

7. 大气污染的衍生物温室效应，好像温水煮青蛙（中）

大家好，我是叶子妈妈。
今天我要继续和大家讲一讲温室效应的危害。

对哦，小朋友们你们还记得吗？那些温室气体，比如二氧化碳，会把地球变成大暖房。

对，我们讲了温室气体除了二氧化碳，还有甲烷、臭氧、一氧化二氮、氟利昂以及水汽等。它们几乎能够吸收地面发出的所有的长波辐射，虽然在大气中的浓度比二氧化碳小很多，但是它们温室效应的作用却比二氧化碳强得多。

小朋友，想知道温室效应
会带来哪些危害吗？
快来扫码听录音了解更多吧~

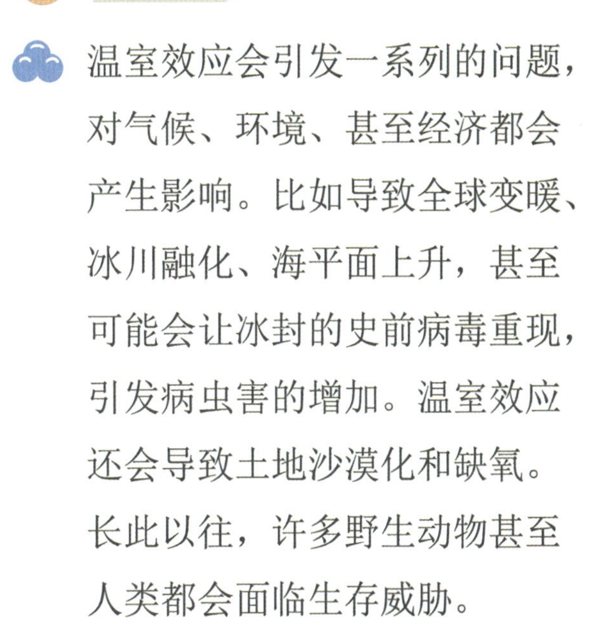

知识点

- 温室效应会引发一系列的问题，对气候、环境、甚至经济都会产生影响。比如导致全球变暖、冰川融化、海平面上升，甚至可能会让冰封的史前病毒重现，引发病虫害的增加。温室效应还会导致土地沙漠化和缺氧。长此以往，许多野生动物甚至人类都会面临生存威胁。

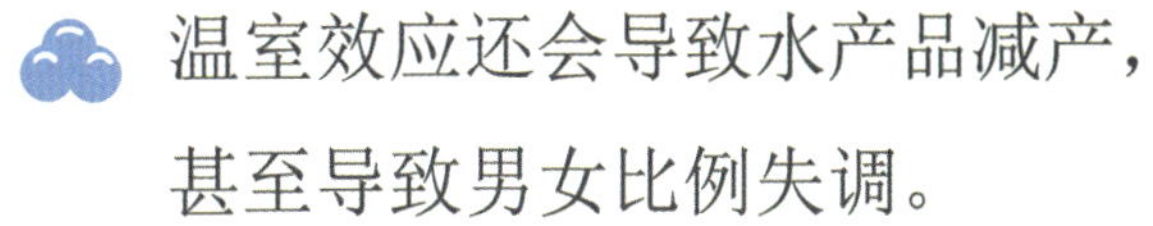

- 温室效应还会导致水产品减产，甚至导致男女比例失调。

8. 大气污染的衍生物温室效应，好像温水煮青蛙（下）

大家好，我是叶子妈妈。
昨天叶子妈妈和大家讲了温室效应的危害，今天我来和大家讲一讲如何解决这些问题，或者说如何把温室效应的危害降到最低。

对对对，叶子妈妈你要好好和我们讲一讲，要不然未来就会变成地球上都是阿呆，看不到小聪聪了。

方法一
全面禁用氟氯碳化物

方法二
保护大森林

方法三 使用新能源

方法四 节能

小朋友，我们可以做些什么来保卫地球呢？
快来扫码听录音了解更多吧~

环保小贴士

- 节约电能，随手关灯，不用电器的时候切断电源，夏季在使用空调时，不要把温度调得太低。
- 节约水资源，洗脸、洗手、洗菜、洗衣服的水可以收集起来擦地板、冲厕所、浇花等。
- 节约用纸，保护森林资源，保护环境。
- 垃圾分类，回收宝贵的资源，减少填埋和焚烧垃圾所消耗的能源。

9. 大气污染的衍生物臭氧层的大空洞（上）

大家好，我是叶子妈妈。

前面几天叶子妈妈和大家讲了温室效应，也讲了温室效应的起因、危害以及如何解决这些问题，今天我们要来和大家来讲一讲大气污染的另一个衍生问题——臭氧层的大空洞。

小朋友，你知道臭氧层的作用吗？失去它又会给地球上的生命带来什么危害吗？快来扫码听录音了解一下吧

大量的紫外线照射

O_3 O_3

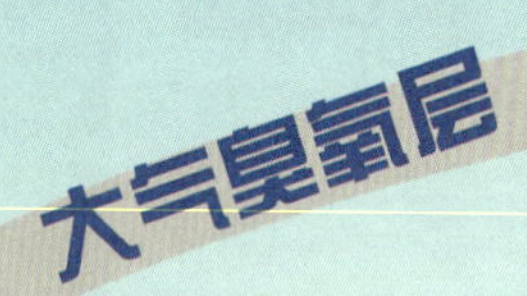

吸收拦截

少量的紫外线

先来和你们解释一下什么叫臭氧层吧。臭氧是大气中的微量气体之一，其主要浓集在平流层中20~25千米的高空，即大气的臭氧层。臭氧层对保护地球上的生命以及调节地球的气候都具有极为重要的作用。它可是地球必不可少的保护层！

知识点

- 较短波的紫外线辐射杀伤力大，能杀死细胞，破坏生物细胞内的遗传物质，严重时会导致生物的遗传病，产生突变体，导致人类的皮肤癌。
- 臭氧层能减少紫外线照射，让我们人类降低癌症、白内障和免疫系统疾病的患病率。

10. 大气污染的衍生物臭氧层的大空洞（下）

大家好，我是叶子妈妈。今天我们要来揭秘——臭氧层为什么会有个破洞。1985年，科学家首次发现：南极上空的臭氧层中，臭氧的浓度与40多年前相比较竟然降低了40%，已经不能充分阻挡过量的紫外线，所以科学家们认为保护生命的特殊圈层出现了“空洞”。

好可怕！为什么会出现空洞呢？

科学家认为，这是使用氟利昂作制冷剂造成的结果。

氟利昂是什么？

我们又该怎样修复臭氧层大空洞呢？

一起来扫码听录音了解一下吧

氟利昂由碳、氯、氟组成，通常是比较稳定的物质，但是当它被大气环流带到平流层时，由于受紫外线的照射，容易形成游离的氯离子。这些氯离子会与臭氧起化学反应，使臭氧总量减少，从而形成了臭氧层空洞。

臭氧层的大空洞会导致农产品减产以及品质下降，其次减少渔业的产量，此外，它还会破坏森林。

11. 生活小环境里的化学知识：可怕的煤气泄漏

大家好，我是叶子妈妈。前面叶子妈妈和大家讲了大气污染的几个热点名词，比如酸雨、温室效应以及臭氧层的大空洞。从今天起叶子妈妈要和大家把范围变小，来讲一讲在日常生活的小环境里也随处可见的化学知识。今天我们来讲讲煤气泄漏。煤气泄漏会导致空气中一氧化碳含量增加，从而导致一氧化碳中毒。

哎？叶子妈妈，一氧化碳是个什么东西啊，为什么会中毒呢？

一氧化碳是一种无色、无臭、无刺激性的气体。它是煤气的主要成分，在空气中燃烧会形成蓝色火焰。

煤气中毒有哪些症状？发现煤气泄漏又该怎么做呢？快来扫码听录音了解一下吧

一氧化碳在血液中极易与血红蛋白结合，形成碳氧血红蛋白，使血红蛋白丧失携氧的能力和作用，造成组织窒息，严重时会造成死亡。

一旦怀疑发生煤气泄漏，要迅速打开门窗，让新鲜空气进来。不要开灯，也不要在室内打电话，然后马上用湿毛巾捂住鼻子和嘴，关闭阀门，跑到空气新鲜的地方。

12. 生活小环境里的化学知识：室内第一“杀手”甲醛

甲醛

甲醛

甲醛

大家好，我是叶子妈妈。今天叶子妈妈要来和大家讲全球公认的室内第一“杀手”——甲醛。

哎？我们在讲化妆品的时候也提到过甲醛，说它是致癌物质呢！

是的，之前的小录音里我们讲了指甲油里含有甲醛、邻苯二甲酸酯、丙酮和乙酸乙酯，这些都是对人体有害的物质。除了指甲油外，甲醛更多是存在于一些装修材料中。所以，它是全球公认的室内第一“杀手”。

我们该怎么对付甲醛这个室内第一“杀手”呢？快来扫码听录音了解更多吧～

知识点

- 甲醛会破坏我们的免疫系统，特别是呼吸系统，让我们感觉到头痛、头晕、全身乏力，甚至还会引起恶性疾病。

- 在高温、高湿、负压和高负载条件下都会加剧甲醛散发的力度。用活性炭吸甲醛并不稳定，还会把吸附的甲醛重新释放到空气中造成二次污染。

- 多通风，保持室内空气的流通，而且在装修的时候就要尽量挑选有环保标志的材料，降低甲醛的浓度。

中国绿色材料标志
CHINA GREEN MATERIALS LABELLING

竹炭除甲醛

13. 生活小环境里的化学知识：汽车尾气以及为什么要使用新能源（上）

大家好，我是叶子妈妈。今天叶子妈妈要来和大家讲汽车尾气了。汽车尾气是汽车使用时产生的废气，含有上百种不同的化合物，其中的污染物有固体悬浮微粒、一氧化碳、二氧化碳、碳氢化合物、氮氧化合物、铅及硫氧化合物等。

唔？又要讲一氧化碳这个大坏蛋啦，煤气中毒里面也有它，汽车尾气里面怎么还有它？

除了之前介绍过的一氧化碳，硫氧化合物我们之前也讲过的啊，而汽车尾气中的二氧化硫除了会危害人体的健康，同时如果在空气中达到一定浓度还会导致酸雨的发生，造成土壤和水源酸化，影响农作物和森林树木的生长。

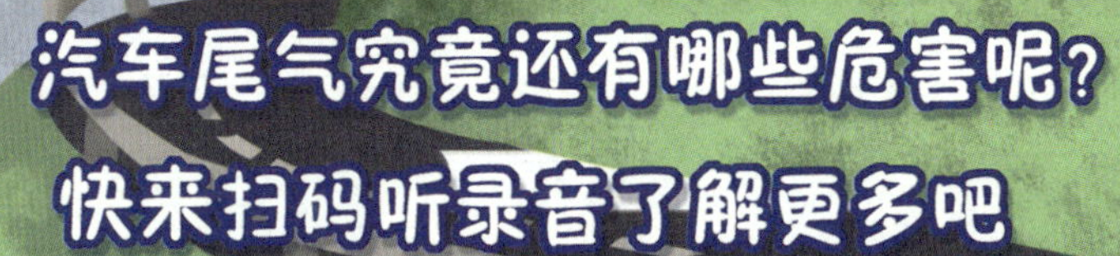

汽车尾气究竟还有哪些危害呢？
快来扫码听录音了解更多吧

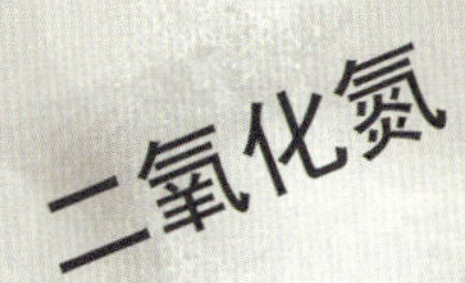

一氧化碳

二氧化碳

含铅气体

苯并芘

知识点

汽车尾气中的主要污染物

- 固体悬浮颗粒：汽车尾气中固体悬浮颗粒的成分很复杂，还具有较强的吸附能力，它可以吸附各种金属粉尘、强致癌物苯并芘和病原微生物等。
- 有害气体：一氧化碳、硫氧化合物、氮氧化物、碳氢化合物以及含铅气体。

14. 生活小环境里的化学知识：汽车尾气以及为什么要使用新能源（下）

大家好，我是叶子妈妈。通过昨天的学习，我们明白一定要治理汽车尾气，最关键的就是要从源头杜绝汽车尾气中的有害物质，我们可以改变汽车的动力，比如开发电动汽车。这样就能减少污染气体的产生啦。

所谓的新能源汽车就是指采用非常规的车用燃料作为动力来源，综合车辆的动力控制和驱动方面的先进技术，形成的技术原理先进，具有新技术、新结构的汽车。包括纯电动汽车、增程式电动汽车、混合动力汽车、燃料电池电动汽车以及氢动力汽车等。

哇唔，听上去好酷炫哦，叶子妈妈你来和我好好讲一讲这些新能源车吧。

小朋友，快来扫码听录音
了解更多新能源车吧~

知识点

1. 纯电动汽车：采用单一蓄电池作为储能动力源的汽车，利用蓄电池作为储能动力源，通过电池向电动机提供电能，驱动汽车行驶。
2. 混合动力汽车：采用传统燃料，同时配以电动机来改善低速动力输出和燃油消耗的车型，是目前在国内市场的主要新能源车型。
3. 燃料电池汽车：以氢气、甲醇等为燃料，通过化学反应产生电流，不会产生有害产物，能量转换效率比内燃机要高2~3倍。
4. 氢动力汽车：无污染、零排放、储量丰富，但成本高。

15. 化学与环境复习课

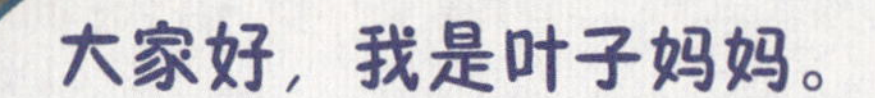

大家好，我是叶子妈妈。

今天我要带着大家来复习一下本篇内容。

在化学与环境这一篇里，我们讲了三个主题。

第一个主题是大气污染，第二个主题是大气污染造成的衍生物，比如酸雨、温室效应以及臭氧层的大空洞，第三个主题是化学在我们个人生活的小环境里的影响。

颗粒

粉尘

知识点

甲烷

一、大气污染

一氧化碳

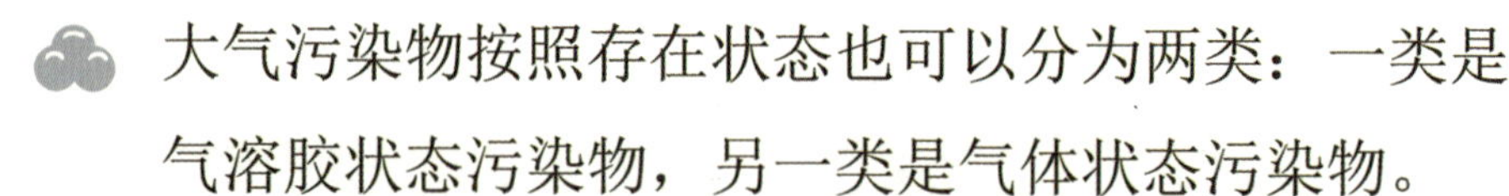

- 大气污染物按照存在状态也可以分为两类：一类是气溶胶状态污染物，另一类是气体状态污染物。

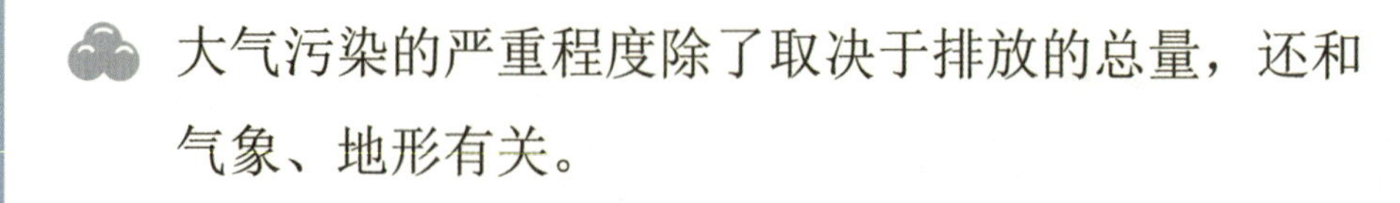

- 大气污染的严重程度除了取决于排放的总量，还和气象、地形有关。

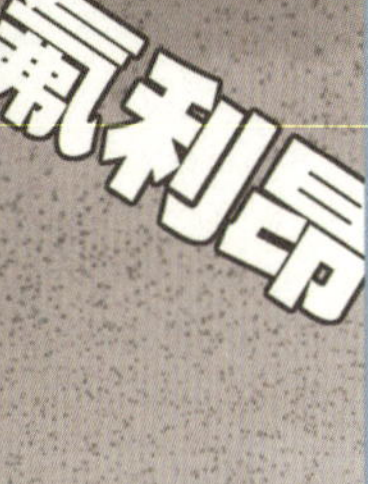

- 大气污染不仅会引发人的呼吸系统疾病，还可能引发中毒甚至致癌。

二、大气污染造成的衍生物

- 大气污染会造成酸雨，使土壤变贫瘠，农作物减产。
- 大气污染还会引发温室效应，而温室效应还会对环境产生影响，除了会导致全球变暖的问题，还会引发病虫害的增加，甚至导致男女比例失衡。
- 氟利昂会引发臭氧层的大空洞。

三、生活小环境里的化学知识

- 煤气使用须谨慎，小心防止一氧化碳中毒。
- 装修新房别着急入住，通风放置，谨防甲醛中毒。
- 汽车尾气危害多，使用新能源，环保更健康。

小朋友，快来扫码听录音复习一下吧~

粉尘
氟利昂
二氧化碳
二、大气污染造成的
大气污染会造成酸雨，
大气污染还会引发温室
境产生影响，除了会导
发病虫害的增加，甚至导
氟利昂会引发臭氧
氧化碳中毒。
放置，谨防甲醛中毒。
煤气使用须谨慎，
装修新房别着急入住，
汽车尾气危害多，使用新能源，环保更健康。
让天空更蓝！
空气更清新！

第五篇　化学知识大串烧

看完这本书，你还记得哪些化学知识和生活小常识呢？在这一篇里，叶子妈妈将和阿呆一起进行一次化学知识大串烧，带你回顾这本书所讲的主要内容，一起来复习一下吧。

1
今天叶子妈妈要给大家就这两个月的课程来一次化学知识大串烧。在化学这一科目里，叶子妈妈一共讲了四个篇章，我们讲了化学与饮食、化学与药物、化学与美容以及化学与环境。在化学与饮食里，我们讲了三个主题，第一个主题是什么是有毒的食物。
我知道我知道，臭鸡蛋是不能吃的，毒蘑菇也要远离，还有隔夜银耳、隔夜菜，以及发芽的土豆和白胖的豆芽统统都不能吃。
不错不错，接着化学与饮食的第二个主题，我们讲了不健康的烹饪方式，包括烧烤、油炸以及腌制。
哎呀呀，阿呆记得我们还做了有趣的小实验，就是把曼妥思扔进可乐里面，然后刺啦一下就形成了可乐喷泉。
2
是的，我们讲完可乐和曼妥思之后就开启了第二个篇章——化学与药物。在这个篇章里，我们也讲了三个主题，第一个主题讲了最常用的消毒剂；第二个主题讲了药物是把双刃剑，药效关键看运用；第三个主题，叶子妈妈带着大家了解了可怕的毒品。

对对对，碘酒和红药水不能混用，会中毒。砒霜是毒药，但使用得当也可以治病救人，然后叶子妈妈给我们讲了可怕的毒品，还让我们认识了大英雄林则徐。

3

之后我们又讲了化学与美容，同样也是三个主题：第一个主题是化学与护肤品；第二个主题是化学与化妆品；第三个主题是染发剂。在第一个主题里，我们讲了美白护肤品和防晒霜。

UVB波段具有中等穿透能力，只在夏季或者午后会特别强烈。而UVA波段有很强的穿透力，可以直达肌肤的真皮层，破坏弹性纤维和胶原蛋白纤维，将皮肤晒黑，同时，它也是引起皮肤癌的重要原因。

对对对，UVA比UVB厉害，是个恐怖“杀手”。

4

在化妆品这个主题里我们介绍了口红和指甲油，哎~~~指甲油里面有很多有害物质，期间上课的时候我还一度担心小聪聪的手指会被指甲油溶解掉呢！之后我们好像讲了什么染发剂里的四大“杀手”，你们看，叶子妈妈的化学课很恐怖的，里面老是有什么变态杀手。

最后，我们讲了化学与环境，因为这一篇我们昨天刚刚复习过，所以叶子妈妈就不在这里赘述了，之后叶子妈妈会带着阿呆准备新的学科，小朋友你们还喜欢听我们讲什么呢？欢迎留言给叶子妈妈哦。

快来扫码听录音回顾一下吧~

结束语

其实这不是结语，因为艾达还没有回到玛尔斯星球，还没有回到自己父母的身边。很久很久以前，当我关注到有关留守儿童的新闻后，我就开始朦朦胧胧构思出“外星人艾达”的形象。是的，在外星球，也许也有一群“留守儿童”，他们被寄养在了爷爷、奶奶或者外公、外婆家里。即便是科技发达的今天，父母因工作繁忙而无法陪伴在孩子身边的矛盾依然存在，“留守儿童”已经不仅仅是社会问题了，也成为了“星球问题”。

孩子是希望、是未来，然而，父母总有这样或者那样客观的原因，不得不留下他们而外出拼搏。而这一矛盾，在我构思的故事里被推到了“生死存亡”的高度。因为过度开采，玛尔斯星球能源不足，需要科研人员（即艾达的妈妈）夜以继日地工作，否则不仅孩子没有未来，整个星球的未来都将不复存在。

我不能说是因为父母的忙碌和疏忽，直接造成了“星球宝宝”的“失足坠落”，我只想借助这套书来表达我小小的困惑，然后带着困惑来探寻答案。

从艾达的角度来讲，他无疑最需要父母的陪伴，求而不得的情况下，他开始贪恋叶子妈妈的陪伴，即便这种陪伴也包括絮絮叨叨地教他最枯燥的知识，间歇性焦虑而急切地想要唤醒他的记忆等，他也贪恋，甚至贪恋到不想回家。所以孩子最终追求的也许只是陪伴的温暖。

而从父母的角度来讲，艾达的爸爸艾玛以及妈妈琳达，最终必须放下工作，才能全力以赴来寻找艾达，好像大人的世界里永远是非此即彼、不得已的选择。那么生活中能不能不全是“取舍”？能不能有平衡？最终他们又是否能找回失踪的孩子？

就故事本身而言，艾达从玛尔斯星球掉落到地球上，为什么天生能听懂地球人的语言，能听懂中国话也能说中国话呢？

这些谜团都没有揭开，所以，故事还未结束，后面我会带着小朋友们，慢慢找寻到这些问题的答案。让我们共同期待吧！

作者

2021年5月

图书在版编目(CIP)数据

外星人阿呆引爆化学/郭康乐编著. —武汉：中国地质大学出版社, 2021. 7

ISBN 978 - 7 - 5625 - 4891 - 1

(叶子妈妈讲科学故事科普丛书)

Ⅰ. ①外…

Ⅱ. ②郭…

Ⅲ. ①化学-普及读物

Ⅳ. ①06-49

中国版本图书馆CIP数据核字(2021)第134704号

外星人阿呆引爆化学 郭康乐 **编著**

责任编辑:周 豪 选题策划:李应争 张琰 责任校对:徐蕾蕾

出版发行:中国地质大学出版社(武汉市洪山区鲁磨路388号) 邮政编码:430074

电话:(027)67883511 传真:(027)67883580 E-mail:cbb@cug.edu.cn

经 销:全国新华书店 http://cugp.cug.edu.cn

开本: 889 毫米×1194 毫米 1/20 字数: 76 千字 印张: 6.5

版次: 2021 年 7 月 第 1 版 印次: 2021 年 7 月第 1 次印刷

印刷: 湖北金港彩印有限公司

ISBN 978 - 7 - 5625 - 4891 - 1 定价：29. 80元